计算机科学与技术丛书

新形态教材

Python 程序设计

宋廷强 ◎ 编著

清华大学出版社

北京

内 容 简 介

本书是一部讲解 Python 编程语言和编程方法的入门教程,也是一部拥有丰富配套资源的新形态教材。全书共分为 11 章,由浅入深地对 Python 编程内容进行讲解,内容涵盖了 Python 语言编程的核心理论知识,包括基础知识、控制语句、数据类型、函数、文件、异常操作、类与对象等。为了提升 Python 语言学习的趣味性与实用性,书中讲解了海龟绘图和数据库设计。每章配有设计实践以及丰富的课后习题,读者可以在学习 Python 语法的同时进行巩固练习,便于快速掌握学习内容。

为便于读者高效学习,快速掌握 Python 编程与实践,作者精心制作了丰富的教学资源,包括微课视频、源代码、教学课件、教学大纲、测试习题、习题答案等资源。

本书内容浅显易懂,非常适合作为高校计算机相关专业 Python 课程的教材,也可作为非计算机专业计算机基础教材,还是 Python 爱好者非常实用的自学参考用书。

本书封面贴有清华大学出版社防伪标签,无标签者不得销售。
版权所有,侵权必究。举报: 010-62782989,beiqinquan@tup.tsinghua.edu.cn。

图书在版编目(CIP)数据

Python 程序设计/宋廷强编著. —北京: 清华大学出版社,2023.8(2025.1重印)
(计算机科学与技术丛书)
新形态教材
ISBN 978-7-302-63069-2

Ⅰ. ①P… Ⅱ. ①宋… Ⅲ. ①软件工具－程序设计－教材 Ⅳ. ①TP311.561

中国国家版本馆 CIP 数据核字(2023)第 045020 号

策划编辑: 盛东亮
责任编辑: 钟志芳
封面设计: 李召霞
责任校对: 时翠兰
责任印制: 曹婉颖

出版发行: 清华大学出版社
网 址: https://www.tup.com.cn, https://www.wqxuetang.com
地 址: 北京清华大学学研大厦 A 座 邮 编: 100084
社 总 机: 010-83470000 邮 购: 010-62786544
投稿与读者服务: 010-62776969,c-service@tup.tsinghua.edu.cn
质量反馈: 010-62772015,zhiliang@tup.tsinghua.edu.cn
课件下载: https://www.tup.com.cn,010-83470236

印 装 者: 三河市君旺印务有限公司
经 销: 全国新华书店
开 本: 186mm×240mm 印 张: 17 字 数: 381 千字
版 次: 2023 年 8 月第 1 版 印 次: 2025 年 1 月第 3 次印刷
印 数: 3001~4500
定 价: 59.00 元

产品编号: 091798-01

前 言
PREFACE

党的二十大报告强调,要构建新一代信息技术、人工智能等一批新的增长引擎。Python 语言拥有众多科学计算、机器学习、深度学习、自然语言处理、计算机视觉等人工智能相关模块,已经成为人工智能开发的首选语言。

目前,Python 语言已成为非常受欢迎的编程语言,在 TIOBE 全球编程语言排行榜月度榜单稳居第一的位置。Python 语言之所以如此受欢迎,主要因为它拥有简洁的语法、强大的功能以及众多的扩展库,在数学计算、数据分析、图像处理、人工智能、游戏开发等领域有大量的参考案例。

本书结合作者多年 Python 程序设计教学实践,以简单化、趣味性作为讲解出发点,由浅入深地展开 Python 知识结构的讲解。同时,结合 Python 官网资料,尽量做到遵循 Python 语法知识,引入 Python 最新技术内容,将相关语法以图表的形式呈现,重点内容适当扩展,每个章节给出设计实践案例,并进行适当的归纳与引申,非常适合 Python 语言基础语法的入门与实践。

程序代码

Python 是一种解释型的高级程序设计语言,Python 解释器可以是命令行模式或者集成开发环境,命令行模式下单行代码就可以执行,便于查看代码的执行过程,如下所示:

```
>>> str_test = "Python 是一种解释型的\
... 高级程序设计语言。"
>>> str_test
'Python 是一种解释型的高级程序设计语言。'
```

其中,">>>"是 Python 提示符,后面是 Python 语句。"..."是 Python 解释器的换行提示符,表示续写前面的 Python 语句。最后一行没有以">>>"或"..."开头,表示是前面 Python 语句的执行结果。

如果示例代码语句中没有">>>"或"...",表示这是一段 Python 代码程序,需要在 Python 集成开发环境下执行,通常下面都会紧跟该程序的执行结果及原理说明。

本书特点

1. 简单易学

本书尽量遵循适合零基础入门读者的原则,做到由浅入深,知识点讲解示例尽可能简单，对重点、难点内容进行大量示例讲解，语法以代码示例的方法讲解，书中所有代码都是精心挑选及设计的，能够展现对相关语法的支撑与理解。

2. 案例驱动

教学案例的设计以项目的形式给出，每章都有"设计实践"小节，并结合本章内容进行实践项目设计。详细设计说明及代码可以在本书附件中下载，可作为课内练习，也可作为上机实践项目。

3. 资源丰富

本书按照新形态教材编写，每章配有思维导图，重点内容提供视频讲解，讲解内容涵盖了本课程中的重点知识、教学案例、设计实践、知识拓展等知识点。本书配套有教学大纲、教案、教学课件、试题库、上机实验案例及书中源代码等，配套的教学大纲、教案等分为32/48/64等课时，可以对应不同专业及教学要求。

本书由宋廷强编写与统稿，杨琼参编第3、4章，王继强参编第5、6章，刘秀青参编第7、8章，刘亚林参编第9、10章，孙媛媛参编第11章，徐美娇、任澎、郭秋红等参与了本书的校验，郭金、魏国政、宋家乐、崔枭、岳宜宛、梁衡、盛兆康、邱雅茹、陈浩、韦姿煜、渠蓉蓉、张硕等参与了本书案例的校验与核对工作，在此表示感谢。

编　者
2023年5月

目 录
CONTENTS

第 1 章　Python 概述 ··· 1

▶ 微课视频 106 分钟

1.1　认识 Python ··· 2
　　1.1.1　Python 语言的起源 ··· 2
　　1.1.2　Python 语言的发展 ··· 3
　　1.1.3　Python 语言的特点 ··· 5
　　1.1.4　Python 语言的应用 ··· 6
1.2　Python 开发环境 ·· 7
　　1.2.1　安装 Python ·· 7
　　1.2.2　常用集成开发环境 ··· 9
1.3　Python 速览 ··· 14
　　1.3.1　Python 提示符 ·· 14
　　1.3.2　变量赋值 ·· 15
　　1.3.3　注释与换行 ·· 15
　　1.3.4　print()输出 ·· 16
　　1.3.5　缩进 ·· 17
1.4　模块与包 ··· 17
　　1.4.1　模块 ·· 18
　　1.4.2　标准库 ·· 20
　　1.4.3　包 ·· 21
　　1.4.4　第三方库 ·· 22
　　1.4.5　pip 包管理工具 ··· 23
设计实践 ·· 25
本章小结 ·· 25
本章习题 ·· 26

第 2 章　Python 语法基础 ·· 28

▶ 微课视频 128 分钟

2.1　对象的概念 ··· 29
2.2　常量与变量 ··· 30

2.2.1　标识符与关键字 …………………………………………………… 30
　　　2.2.2　常量 …………………………………………………………………… 33
　　　2.2.3　字面值 ………………………………………………………………… 33
　　　2.2.4　变量 …………………………………………………………………… 33
　　　2.2.5　运算符 ………………………………………………………………… 35
　2.3　Python 的程序结构 …………………………………………………………… 41
　　　2.3.1　顺序结构 ……………………………………………………………… 41
　　　2.3.2　分支结构 ……………………………………………………………… 41
　　　2.3.3　循环结构 ……………………………………………………………… 44
　　　2.3.4　常用结构语句 ………………………………………………………… 49
设计实践 ………………………………………………………………………………… 50
本章小结 ………………………………………………………………………………… 50
本章习题 ………………………………………………………………………………… 51

第 3 章　基本数据类型 ………………………………………………………………… 53

▶ 微课视频 158 分钟

　3.1　数字类型 ………………………………………………………………………… 54
　　　3.1.1　整数类型 ……………………………………………………………… 54
　　　3.1.2　浮点数类型 …………………………………………………………… 56
　　　3.1.3　复数类型 ……………………………………………………………… 58
　　　3.1.4　布尔类型 ……………………………………………………………… 59
　3.2　字符串类型 ……………………………………………………………………… 59
　　　3.2.1　字符串的表示 ………………………………………………………… 59
　　　3.2.2　字符串的输入 ………………………………………………………… 60
　　　3.2.3　字符串的输出 ………………………………………………………… 62
　　　3.2.4　字符串的访问 ………………………………………………………… 67
　3.3　字符串常见操作 ………………………………………………………………… 69
　　　3.3.1　大小写转换 …………………………………………………………… 70
　　　3.3.2　字符串查找与替换 …………………………………………………… 71
　　　3.3.3　字符串分割与拼接 …………………………………………………… 72
　　　3.3.4　删除字符串特定字符 ………………………………………………… 73
　　　3.3.5　字符串对齐 …………………………………………………………… 74
　　　3.3.6　字符串判断 …………………………………………………………… 75
　　　3.3.7　其他操作 ……………………………………………………………… 76
　3.4　字节串类型 ……………………………………………………………………… 76
　　　3.4.1　字节与编码 …………………………………………………………… 77
　　　3.4.2　字节串转换 …………………………………………………………… 79
设计实践 ………………………………………………………………………………… 81
本章小结 ………………………………………………………………………………… 82
本章习题 ………………………………………………………………………………… 82

第 4 章　组合数据类型 ··· 85

▶ 微课视频 157 分钟

- 4.1 Python 数据类型的概念 ··· 86
- 4.2 列表 ··· 87
  - 4.2.1 列表的创建 ··· 87
  - 4.2.2 列表常见操作 ·· 89
  - 4.2.3 列表的排序 ··· 94
  - 4.2.4 列表的遍历 ··· 96
- 4.3 元组 ··· 98
- 4.4 集合 ··· 99
  - 4.4.1 集合的创建 ··· 99
  - 4.4.2 集合的常见操作 ·· 100
  - 4.4.3 集合的数学运算 ·· 101
  - 4.4.4 集合推导式 ··· 101
- 4.5 字典 ·· 102
  - 4.5.1 字典的创建 ··· 102
  - 4.5.2 字典的访问 ··· 104
  - 4.5.3 字典元素的操作 ·· 104
  - 4.5.4 字典视图对象 ··· 106
  - 4.5.5 字典的遍历 ··· 107
- 4.6 组合类型的高级特性 ·· 108
  - 4.6.1 迭代器 ·· 108
  - 4.6.2 推导式 ·· 110
  - 4.6.3 生成器 ·· 111
- 设计实践 ·· 112
- 本章小结 ·· 113
- 本章习题 ·· 113

第 5 章　函数 ··· 117

▶ 微课视频 186 分钟

- 5.1 函数的概念 ·· 118
- 5.2 函数的参数 ·· 119
  - 5.2.1 默认参数 ·· 120
  - 5.2.2 位置参数与关键字参数 ·· 121
  - 5.2.3 可变参数 ·· 122
- 5.3 函数的返回值 ··· 125
- 5.4 命名空间与变量作用域 ·· 125
- 5.5 递归函数 ··· 127
- 5.6 函数式编程 ·· 130
  - 5.6.1 匿名函数 ·· 130

        5.6.2 高阶函数 ……………………………………………………………… 131
    5.7 常用模块和函数 …………………………………………………………… 134
        5.7.1 math 模块 …………………………………………………………… 135
        5.7.2 随机数函数 …………………………………………………………… 136
        5.7.3 time 模块 …………………………………………………………… 137
        5.7.4 main() 函数 ………………………………………………………… 140
    设计实践 ………………………………………………………………………… 140
    本章小结 ………………………………………………………………………… 141
    本章习题 ………………………………………………………………………… 142

第 6 章 海龟绘图 …………………………………………………………………… 145

▶ 微课视频 79 分钟

    6.1 初识海龟绘图模块 ………………………………………………………… 146
    6.2 海龟绘图模块基础 ………………………………………………………… 147
        6.2.1 认识画布 ……………………………………………………………… 147
        6.2.2 理解海龟坐标 ………………………………………………………… 148
        6.2.3 海龟方向控制 ………………………………………………………… 150
        6.2.4 画笔 …………………………………………………………………… 152
        6.2.5 书写文字 ……………………………………………………………… 157
        6.2.6 其他控制 ……………………………………………………………… 157
    6.3 海龟绘图模块绘图进阶 …………………………………………………… 159
        6.3.1 交互事件 ……………………………………………………………… 159
        6.3.2 turtle.cfg 文件 ……………………………………………………… 161
    6.4 复杂海龟绘图模块绘图示例 ……………………………………………… 162
    设计实践 ………………………………………………………………………… 164
    本章小结 ………………………………………………………………………… 164
    本章习题 ………………………………………………………………………… 164

第 7 章 文件操作 …………………………………………………………………… 168

▶ 微课视频 55 分钟

    7.1 文件的概念 ………………………………………………………………… 168
    7.2 文件的主要操作 …………………………………………………………… 169
        7.2.1 文件的打开与关闭 …………………………………………………… 169
        7.2.2 文件的读取 …………………………………………………………… 171
        7.2.3 文件的写入 …………………………………………………………… 173
        7.2.4 with 关键字 ………………………………………………………… 173
        7.2.5 文件定位 ……………………………………………………………… 174
    7.3 文件的目录操作 …………………………………………………………… 175
    7.4 CSV 文件操作 ……………………………………………………………… 176
        7.4.1 CSV 文件的读取 ……………………………………………………… 176
        7.4.2 CSV 文件的写入 ……………………………………………………… 177

设计实践 ·· 178
本章小结 ·· 179
本章习题 ·· 180

第 8 章 异常处理 ·· 183

▶ 微课视频 29 分钟

8.1 异常的概念 ·· 183
8.2 异常处理介绍 ·· 184
    8.2.1 try-except 语句 ··· 184
    8.2.2 as 关键词 ··· 187
    8.2.3 else 子句 ·· 188
    8.2.4 finally 子句 ·· 188
8.3 抛出异常 ·· 189
    8.3.1 raise 语句 ··· 189
    8.3.2 assert 语句 ··· 190
    8.3.3 自定义异常 ·· 191
设计实践 ·· 192
本章小结 ·· 193
本章习题 ·· 193

第 9 章 类与对象 ·· 196

▶ 微课视频 86 分钟

9.1 类和对象的概念 ··· 197
    9.1.1 类的定义 ·· 197
    9.1.2 创建对象 ·· 198
    9.1.3 类属性和实例属性 ·· 199
    9.1.4 实例方法、类方法和静态方法 ·· 200
9.2 构造方法和析构方法 ·· 202
    9.2.1 构造方法 ·· 202
    9.2.2 析构方法 ·· 203
9.3 封装 ·· 204
    9.3.1 封装的概念 ·· 204
    9.3.2 私有属性和私有方法 ··· 204
9.4 继承 ·· 206
    9.4.1 单继承 ··· 206
    9.4.2 多继承 ··· 209
    9.4.3 super()用法 ··· 210
9.5 多态 ·· 211
设计实践 ·· 212
本章小结 ·· 213
本章习题 ·· 213

第 10 章　Python 界面设计 217

▶ 微课视频 89 分钟

10.1　tkinter 简介 218
  10.1.1　建立 tkinter 窗口 218
  10.1.2　简单窗口示例 219
10.2　控件及其属性 220
  10.2.1　tkinter 常用控件 220
  10.2.2　控件通用属性 221
  10.2.3　常用控件示例 222
10.3　控件布局 230
10.4　事件与变量传递 234
  10.4.1　事件绑定 235
  10.4.2　变量传递 236
设计实践 237
本章小结 238
本章习题 238

第 11 章　简单数据库应用 239

▶ 微课视频 72 分钟

11.1　数据库设计简介 240
11.2　MySQL 数据库 240
  11.2.1　安装 MySQL 数据库 240
  11.2.2　数据库基本操作 241
11.3　Python 3 操作 MySQL 数据库 242
  11.3.1　安装 PyMySQL 242
  11.3.2　数据库连接 243
  11.3.3　创建游标 245
  11.3.4　数据库常用操作 245
设计实践 251
本章小结 252
本章习题 252

参考文献 255

视频目录
VIDEO CONTENTS

视 频 名 称	时长/分钟	位 置
第 01 集 Python 语言的起源.mp4	5	1.1.1 节节首
第 02 集 Python 语言的发展.mp4	9	1.1.2 节节首
第 03 集 Python 语言的特点.mp4	8	1.1.3 节节首
第 04 集 Python 解释器.mp4	4	1.2.2-1 节节首
第 05 集 IDLE 集成开发环境.mp4	4	1.2.2-2 节节首
第 06 集 PyCharm 集成开发环境.mp4	5	1.2.2-3 节节首
第 07 集 Anaconda 集成开发环境.mp4	10	1.2.2-4 节节首
第 08 集 Python 提示符.mp4	6	1.3.1 节节首
第 09 集 注释与换行.mp4	7	1.3.3 节节首
第 10 集 print()输出.mp4	6	1.3.4 节节首
第 11 集 缩进.mp4	4	1.3.5 节节首
第 12 集 模块.mp4	13	1.4.1 节节首
第 13 集 标准库.mp4	5	1.4.2 节节首
第 14 集 包.mp4	8	1.4.3 节节首
第 15 集 pip 包管理工具.mp4	7	1.4.5 节节首
第 16 集 对象的概念.mp4	8	2.1 节节首
第 17 集 标识符和关键字.mp4	11	2.2.1 节节首
第 18 集 变量.mp4	8	2.2.4 节节首
第 19 集 算术运算符.mp4	5	2.2.5-1 节节首
第 20 集 逻辑运算符.mp4	6	2.2.5-2 节节首
第 21 集 比较运算符.mp4	6	2.2.5-3 节节首
第 22 集 按位运算符.mp4	11	2.2.5-4 节节首
第 23 集 赋值运算符.mp4	5	2.2.5-5 节节首
第 24 集 成员运算符.mp4	4	2.2.5-6 节节首
第 25 集 同一性测试运算符.mp4	5	2.2.5-7 节节首
第 26 集 分支结构.mp4	14	2.3.2 节节首
第 27 集 while 循环.mp4	8	2.3.3-1 节节首
第 28 集 for 循环 range 函数.mp4	5	2.3.3-2 节节首
第 29 集 break-continue-else.mp4	11	2.3.3-4 节节首
第 30 集 常用结构语句.mp4	4	2.3.4 节节首
第 31 集 数值统计.mp4	2	第 2 章设计实践-1 节节首

续表

视频名称	时长/分钟	位置
第32集 质数.mp4	3	第2章设计实践-2节节首
第33集 设计练习.mp4	4	第2章设计实践-3节节首
第34集 整数类型.mp4	8	3.1.1节节首
第35集 浮点数类型.mp4	9	3.1.2节节首
第36集 复数类型.mp4	6	3.1.3节节首
第37集 字符串的表示.mp4	5	3.2.1节节首
第38集 字符串的输入.mp4	11	3.2.2节节首
第39集 字符串的输出.mp4	14	3.2.3节节首
第40集 字符串的访问.mp4	16	3.2.4节节首
第41集 大小写转换.mp4	5	3.3.1节节首
第42集 字符串的查找与替换.mp4	11	3.3.2节节首
第43集 字符串的拼接.mp4	13	3.3.3节节首
第44集 删除字符串特定字符.mp4	7	3.3.4节节首
第45集 字符串对齐.mp4	5	3.3.5节节首
第46集 字符串判断.mp4	5	3.3.6节节首
第47集 字节串类型.mp4	22	3.4节节首
第48集 标识符的合法性.mp4	5	第3章设计实践-1节节首
第49集 词序倒换.mp4	2	第3章设计实践-2节节首
第50集 设计练习.mp4	4	第3章设计实践-3节节首
第51集 Python数据类型的概念.mp4	6	4.1节节首
第52集 列表的创建.mp4	17	4.2.1节节首
第53集 列表常见操作.mp4	19	4.2.2节节首
第54集 列表的排序.mp4	12	4.2.3节节首
第55集 元组.mp4	9	4.3节节首
第56集 集合的创建.mp4	5	4.4.1节节首
第57集 集合的常见操作.mp4	5	4.4.2节节首
第58集 集合推导式.mp4	7	4.4.4节节首
第59集 字典的创建.mp4	12	4.5.1节节首
第60集 字典的访问.mp4	6	4.5.2节节首
第61集 字典元素的主要操作.mp4	8	4.5.3节节首
第62集 字典视图.mp4	4	4.5.4节节首
第63集 字典的遍历.mp4	3	4.5.5节节首
第64集 迭代器.mp4	7	4.6.1节节首
第65集 推导式.mp4	11	4.6.2节节首
第66集 生成器.mp4	9	4.6.3节节首
第67集 热词统计.mp4	3	第4章设计实践-1节节首
第68集 学生信息表.mp4	3	第4章设计实践-2节节首
第69集 函数的概念.mp4	13	5.1节节首
第70集 参数的概念.mp4	2	5.2节节首

续表

视频名称	时长/分钟	位 置
第71集 默认参数.mp4	13	5.2.1节节首
第72集 位置参数与关键字参数.mp4	6	5.2.2节节首
第73集 可变参数.mp4	20	5.2.3节节首
第74集 函数的返回值.mp4	4	5.3节节首
第75集 变量的作用域.mp4	12	5.4节节首
第76集 递归函数.mp4	13	5.5节节首
第77集 匿名函数.mp4	6	5.6.1节节首
第78集 高阶函数.mp4	23	5.6.2节节首
第78集 math模块.mp4	4	5.7.1节节首
第80集 随机数函数.mp4	13	5.7.2节节首
第81集 time模块.mp4	21	5.7.3节节首
第82集 main()函数.mp4	8	5.7.4节节首
第83集 四则运算.mp4	5	第5章设计实践-1节节首
第84集 图案绘制.mp4	6	第5章设计实践-2节节首
第85集 因数分解.mp4	3	第5章设计实践-3节节首
第86集 杨辉三角.mp4	5	第5章设计实践-4节节首
第87集 初识小海龟.mp4	10	6.1节节首
第88集 认识画布.mp4	6	6.2.1节节首
第89集 理解海龟坐标.mp4	12	6.2.2节节首
第90集 海龟的方向控制.mp4	10	6.2.3节节首
第91集 画笔的控制.mp4	15	6.2.4-3节节首
第92集 画笔颜色.mp4	8	6.2.4-4节节首
第93集 颜色填充.mp4	7	6.2.4-5节节首
第94集 旋转的文字.mp4	2	第6章设计实践-1节节首
第95集 可爱的熊猫.mp4	6	第6章设计实践-2节节首
第96集 文件的概念.mp4	2	7.1节节首
第97集 文件的打开与关闭.mp4	6	7.2.1节节首
第98集 文件的读操作.mp4	9	7.2.2节节首
第99集 文件的写操作与文件定位.mp4	12	7.2.3节节首
第100集 文件的目录操作.mp4	3	7.3节节首
第101集 CSV文件操作.mp4	4	7.4节节首
第102集 学生信息管理.mp4	8	第7章设计实践-1节节首
第103集 文件加密和解密.mp4	8	第7章设计实践-2节节首
第104集 异常的概念.mp4	3	8.1节节首
第105集 异常处理.mp4	9	8.2节节首
第106集 抛出异常.mp4	9	8.3节节首
第107集 健康监测.mp4	3	第8章设计实践-1节节首
第108集 三角形判断.mp4	3	第8章设计实践-2节节首
第109集 类的定义.mp4	5	9.1.1节节首

续表

视频名称	时长/分钟	位置
第110集 创建对象.mp4	11	9.1.2节节首
第111集 类属性和实例属性.mp4	6	9.1.3节节首
第112集 实例方法、类方法和静态方法.mp4	9	9.1.4节节首
第113集 构造方法和析构方法.mp4	4	9.2节节首
第114集 私有属性和私有方法.mp4	7	9.3节节首
第115集 单继承.mp4	17	9.4.1节节首
第116集 多继承.mp4	8	9.4.2节节首
第117集 多态.mp4	4	9.5节节首
第118集 向量运算.mp4	3	第9章设计实践-1节节首
第119集 斗地主换牌.mp4	8	第9章设计实践-2节节首
第120集 建立tkinter窗口.mp4	5	10.1.1节节首
第121集 简单窗口示例.mp4	7	10.1.2节节首
第122集 控件及其属性.mp4	29	10.2节节首
第123集 控件布局.mp4	14	10.3节节首
第124集 事件与变量传递.mp4	9	10.4节节首
第125集 计算器界面设计.mp4	5	第10章设计实践-1节节首
第126集 随机点名.mp4	4	第10章设计实践-2节节首
第127集 学生管理系统.mp4	12	第10章设计实践-3节节首
第128集 python3操作mysql数据库.mp4	8	11.3.1节节首
第129集 数据库连接.mp4	3	11.3.2节节首
第130集 创建游标.mp4	3	11.3.3节节首
第131集 数据库常用操作.mp4	19	11.3.4节节首
第132集 信息记录小助手.mp4	10	第11章设计实践-1节节首
第133集 学生管理系统进阶.mp4	27	第11章设计实践-2节节首

第 1 章 Python概述
CHAPTER 1

章节导图

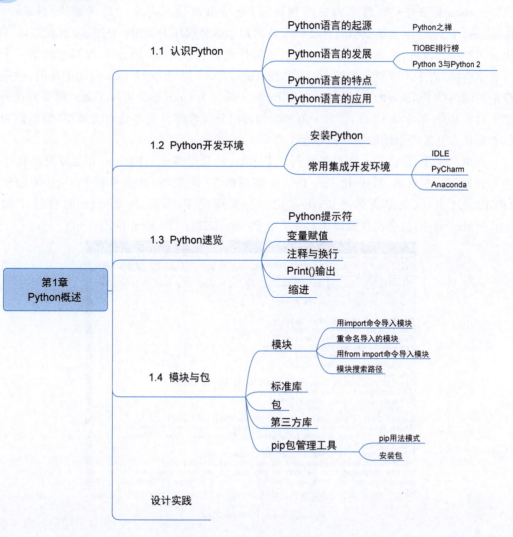

(1) 了解 Python 的发展历程；
(2) 了解 Python 的特点及主要应用领域；
(3) 理解 Python 的安装过程，掌握常用的开发环境；
(4) 了解 Python 解释器及语句特点；
(5) 掌握模块、包、第三方库等常用概念，以及 pip 包管理工具的使用。

1.1 认识 Python

1.1.1 Python 语言的起源

Python 语言是一种跨平台的编程语言，最早由荷兰人吉多·范罗苏姆（Guido van Rossum）在 1989 年圣诞节期间开发一个新的脚本解释程序时提出。Python 语言是对 ABC 语言的继承与改进，也是一种面向对象的解释性语言。1991 年，Python 解释器的第一个公开版本面世，吉多·范罗苏姆被人们称作 Python 之父。吉多在 Google 公司工作时，他用大量的时间维护 Python 的开发，同时利用 Python 语言为 Google 公司写了面向网页的代码浏览工具。2018 年 7 月 12 日，吉多·范罗苏姆通过开发者邮件宣布退出决策层，但仍作为一名普通核心开发者继续做一些指导性工作。

简单和优雅，是吉多·范罗苏姆创立 Python 的哲学理念。Python 在创立之初便不断公布并完善一些规则，后来由 Tim Peters 整理出 19 条规则，并收录到 Python 增强建议（PEP20）之中，这便是著名的 Python 之禅。安装完 Python，在 Python 解释器中输入 import this 命令，就会出现如图 1-1 所示的 Python 之禅（The Zen of Python）。

图 1-1　Python 之禅

Python 之禅在网上有很多种解释,其蕴含了 Python 的设计哲学,需要认真领会。下面是对 Python 之禅的翻译:

优美胜于丑陋。
明了胜于晦涩。
简洁胜于复杂。
复杂胜于难懂。
扁平胜于嵌套。
留白胜于紧凑。
可读性很重要。
特殊也不应违背规则。
除非确定需要,任何错误都该应对。
面对不确定性,绝不妄加猜测。
最佳解决方案只有一个。
这些并不容易,因为你不是 Python 之父。
做比不做强,但鲁莽去做还不如不做。
难以描述的方案肯定不是好方案。
如果方案易于解释,可能是个好主意。
命名空间是绝妙的理念,应当多加利用!

1.1.2 Python 语言的发展

视频讲解

Python 已经诞生 30 多年了,如今迎来了飞速的发展。全世界有 600 多种编程语言,TIOBE 公司每月都会发布全球编程语言的排行榜(https://www.tiobe.com/tiobe-index/),主要基于语言被互联网有经验的程序员、课程和第三方厂商使用的情况进行排名,反映某个编程语言的热门程度,是编程语言流行趋势的指标。从 2004 年开始,Python 语言使用率呈线性增长趋势,2011 年 1 月被 TIOBE 评为 2010 年度语言,之后排名一度上升。表 1-1 给出了 2022 年 7 月的排名情况,从表中可以看出 2022 年 7 月 Python 已经跃居排名榜第一位。

表 1-1 2022 年 7 月 TIOBE 全球编程语言排行榜

2022 年 7 月排名	2021 年 7 月排名	变化	编程语言	评级/%	评级变化/%
1	3		Python	13.44	2.48
2	1		C	13.13	1.50
3	2		Java	11.59	0.40
4	4		C++	10.00	1.98
5	5		C#	5.65	0.82
6	6		Visual Basic	4.97	0.47
7	7		JavaScript	1.78	−0.93
8	9	▲	Assembly language	1.65	−0.76

续表

2022年7月排名	2021年7月排名	变化	编程语言	评级/%	评级变化/%
9	10	▲	SQL	1.64	0.11
10	16	▲▲	Swift	1.27	0.20

  Python语言的发展经历了3次大的版本改进,1994年推出1.0版本,这个版本的主要新增功能是lambda、map、filter和reduce;2000年推出了2.0版本,该版本新增了内存管理、循环检测垃圾收集器以及对Unicode的支持;2008年推出3.0版本,Python 3.x不再向后兼容Python 2.x,这意味着Python 3.x可能无法运行Python 2.x的代码。Python 2.x的最终版本是2.7,官网显示的支持日期截止到2020年1月1日,后续可能不会再发布Python 2.x的升级版本。目前Python 3.x已经更新到了3.11.3版本。

  由于Python 2.x版本流行时间很长,市面上许多应用都是由Python 2.x开发的,因此,市面上出现了Python 2.x和Python 3.x同时使用的情况,但Python 3.x与Python 2.x存在很多根本的区别,体现在内部函数、数据类型、运算符、异常、循环以及工具环境等方面,详细差异可以参考Python的官方文档,下面给出一些差异方面的例子。

1. print语句

  Python 3将Python 2中的print语句改成了函数,使用方法与其他函数一样,需要传递参数,比如要显示"Hello World!"字符串,两种版本的print代码如表1-2所示。

表1-2 两种版本print语句的区别

版本	语句	执行功能
Python 2.x	print "Hello World!"	显示"Hello World!"
Python 3.x	print("Hello World!")	显示"Hello World!"

2. Unicode字符串

  在计算机中有两种文本文件编码格式,即ASCII编码格式和Unicode编码格式。ASCII编码格式使用一字节表示一个字符,只能表示出256种字符。Unicode编码格式使用1~6字节表示一个字符,能表示现有的全部字符。Python 2中有两种字符串类型:非Unicode字符串和Unicode字符串,分别对应上面的两种编码格式,但默认的是采用ASCII编码格式。在Python 2中要显示中文,需要在代码的第一行增加一行代码,让Python解释器以Unicode编码格式处理文件,增加的代码如下:

```
# -*- coding: utf-8 -*-
```

  Python 3中只有一种字符串类型:Unicode字符串。Python 3可以直接输入/输出中文,而不需要在代码的第一行声明文本编码格式。

3. 运算符差别

  在Python 2中,表示"不等于"的比较运算符可以采用"<>"或"!=",而Python 3只支持"!="。Python 2支持long整数类型,在Python 3中则统一使用int类型。

虽然说现在仍然还有很多 Python 2 的应用程序及支持库,但 2020 年 Python 2 的更新和维护就已停止,Python 2 很快就会被淘汰。Python 3 已经发展 15 年了,其所积累的第三方资源越来越多,对于新用户来讲肯定是学习 Python 3 更好。Python 3 也有很多版本,不一定非要学习最新的版本,但最好从最新的稳定版本开始学习,不同版本之间的差异可以在 Python 官方的文档中查看。

 知识拓展:如何查询 Python 的官方文档

Python 官网上提供了详细的文档,包括 Python 的版本信息、功能改进,还有 Windows 版本的 chm 格式说明文档。Python 帮助文档可到 Python 官网(www.python.org)查找,查找路径为 documentation→Docs→Python Docs。

1.1.3 Python 语言的特点

视频讲解

Python 语言之所以能够迅速发展,长盛不衰,与 Python 语言的鲜明特点密切相关,下面对 Python 语言主要的优缺点进行总结。

1. Python 的优点

1) 简单明确

Python 语言最初的设计目的就是简单易学,摆脱其他语言烦琐的编程语法,而专注于解决实际问题。和传统的 C/C++、Java、C# 等语言相比,Python 语言对代码格式的要求没有那么严格,是代表极简主义的编程语言,非常贴近人类语言,因此具有代码清晰、可读性好等特点。阅读一段排版优美的 Python 代码,就像在阅读一个英文段落。Python 语言拥有简单的脚本语言和易用的解释性语言,初学者很容易上手。Python 语言也拥有传统编译型语言的强大功能,拥有像 C++、Java 语言一样功能强大的数据结构,能够快速解决实际问题。

2) 面向对象

Python 语言完全支持继承、重载、多态等面向对象的程序设计方法。面向对象编程可以使程序的维护和扩展变得更简单,且可以大大提高程序开发的协同性和效率。Python 既支持面向对象的程序设计方法,也具有函数式编程等高级特性,使用 Python 开发程序更加简单。

3) 开源免费

Python 是免费开源的软件,其解释器开源,代码和模块也是开源的。Python 拥有许多开源社区以及开源项目,这种开源模式使得许多 Python 爱好者不断推动着 Python 技术的发展和软件及工具的丰富,也使得人们学习 Python 或借助 Python 开发一些复杂的应用变得更加简单。Python 既是开源软件,也是免费软件,用户使用 Python 进行开发或发布自己的程序,不需要支付任何费用,也不用担心版权问题,即使作为商业用途,Python 也是免费的。

4) 解释性

Python 是一种解释型语言,Python 程序不需要编译成可执行代码。类似 Java 语言,

Python 解释器可以直接将代码转换为字节串,生成一种近似机器语言的中间形式,保持了解释型语言的优点,且具有较高的运行效率。

5) 可移植性

解释型语言一般都是跨平台的,可移植性好。Python 程序无须修改就可以在许多平台上运行,能够避免对系统的依赖性。因此,可以在各种不同的系统上看到 Python 的身影,包括 Linux、Windows、IOS、Android、FreeBSD、Solaris 等。

6) 可扩展性

Python 具有脚本语言中最为丰富的类库,这些类库覆盖了文件 I/O、GUI、网络编程、数据库访问、文本操作等绝大部分应用场景。Python 代码可以直接将 C 或 C++ 语言开发的模块或方法作为子例程来调用,从而提高其运行速度。

7) 具有强大的第三方库

Python 具有丰富的第三方模块,从简单的字符串处理,到复杂的人工智能处理,都能找到对应的模块。Python 开源社区发展十分活跃,许多第三方机构提供了高质量的功能模块,其中就包括 Google、Facebook、Microsoft 等软件巨头。

2. Python 的缺点

当然,作为一门开发语言,Python 也存在一些弱点,主要体现在以下几方面:

1) 运行速度慢

运行速度慢是解释型语言的通病,Python 也不例外。Python 的运行速度不但比 C 语言慢很多,也比 Java 慢很多。随着计算机性能的逐步提升,Python 的这一弱点会逐步得以改善,但在追求运算速度的场合,Python 还是显得力不从心。

2) 代码加密困难

Python 直接运行源代码,因此对源代码的保护会比较困难。采用 Python 开发程序,需要程序员转换思路,从开源代码的角度作出贡献。

3) Python 打包及项目管理困难

如果将 Python 项目打包成可执行文件,过程十分复杂,还不一定能够成功。另外,如果要将一个较为复杂的项目移植到服务器上,也会面临复杂的项目依赖问题,这些方面还需要进一步完善。

1.1.4 Python 语言的应用

目前 Python 语言十分火热,从学校到培训机构,都有相关的课程,也有不少的岗位看重 Python 语言的运用能力。Python 与 Java 一样,都是高级语言,随着 Python 的模块越来越丰富,Python 所能实现的功能更加丰富多样,也就意味着 Python 能应用在众多领域。从其流行的程序来看,其主要应用还是体现在数据分析与人工智能方面。

Python 擅长的开发领域很多,比如桌面应用、数据分析、数据可视化、人工智能、网络爬虫、科学计算、游戏开发、自动化运维等,下面简要介绍部分应用。

1. 数据分析与可视化

借助于科学计算包 NumPy、SciPy、pandas，可视化包 Matplotlib、seaborn 及机器学习包 sklearn 等众多第三方库，Python 不仅支持各种数学运算，还可以绘制高质量的 2D 和 3D 图像，解决许多科学计算问题，比如微分方程、矩阵解析、概率分布等数学问题。Python 脚本语言的应用范围广，可处理的文件和数据类型多，在数据分析、数据可视化等方面具有强大的功能。

2. 人工智能应用

得益于其强大而丰富的库及数据分析能力，Python 广泛应用于神经网络、机器学习、深度学习、自然语言处理、图像处理等领域。Python 提供了 scikit-learn、sklearn、OpenCV 等机器学习库，方便调用其中的人工智能算法，实现人工智能方向的应用开发。

3. Web 开发应用

Python 是 Web 开发的主流语言，对于同一个开发需求能够提供多种方案。Python 在 Web 方面也有自己的框架，如 Django、Flask、Web2py 等，可以帮助开发人员快速开发 Web 应用项目。Python 开发的 Web 项目支持最新的 XML 技术，且数据处理的功能较为强大。

1.2 Python 开发环境

Python 开发环境包括 Python 官方提供的 Python 解释器和交互式开发环境，也包括第三方提供的集成开发环境（Integrated Development Environment，IDE）。相对来说，Python 自带的开发环境是 IDLE，功能较弱，第三方 IDE 工具不但种类多，且功能先进，适合于不同需求的应用程序开发。

IDE 是开发者使用频率最高的编程软件，包含文本编辑器、编译器、解释器、调试器和图形用户界面等多个高度关联的组件，可最大程度提高程序员的生产效率。IDE 是代码编写、修改、测试、调试等开发流程使用的工具。许多公司提供了功能强大的 IDE 工具，比较有名的有 PyCharm、Visual Studio Code、Spider、Vim、Eclipse＋PyDev、Sublime Text 等，这几款工具都比较流行。许多工具可以跨平台使用，但在安装使用以及插件要求上存在差异，可以根据不同的应用场景选择使用。

1.2.1 安装 Python

Python 开发环境的搭建，需要到 Python 官网（www.python.org）下载 Python 安装程序，如图 1-2 所示。

在 Python 官网界面，开发者不但可以下载 Python 的安装程序包，也可以查看技术文档，参与 Python 社区，下载相关库的安装文件等。

在 Python 官网的下载页面看到的 Python 安装文件如图 1-3 所示，从文件的信息中可以看出文件适用的平台，其中有 Linux、macOS 和 Windows 平台的安装版本。在 3.10 版本的 Windows 平台安装版本中，有 32 位和 64 位版本之分，还有 Windows embeddable package 和 Windows installer，其中 Windows embeddable package 适用于嵌入式应用下的 Python 环境安装；而 Windows installer 适用于普通的 Windows 系统安装。在早期版本中还有 web-based installer 文件，该文件适用于边下载边安装的模式，安装过程中需要联网。

图 1-2　Python 官网界面

Files

Version	Operating System	Description	MD5 Sum	File Size	GPG
Gzipped source tarball	Source release		364158b3113cf8ac8db7868ce40ebc7b	25627989	SIG
XZ compressed source tarball	Source release		71f7ada6bec9cdbf4538adc326120cfd	19058600	SIG
macOS 64-bit Intel installer	Mac OS X	for macOS 10.9 and later	870e851eef2c6712239e0b97ea5bf407	29933848	SIG
macOS 64-bit universal2 installer	Mac OS X	for macOS 10.9 and later, including macOS 11 Big Sur on Apple Silicon	59aedbc04df8ee0547d3042270e9aa57	37732597	SIG
Windows embeddable package (32-bit)	Windows		cacf28418ae39704743fa790d404e6bb	7594314	SIG
Windows embeddable package (64-bit)	Windows		0b3a4a9ae9d319885eade3ac5aca7d17	8427568	SIG
Windows help file	Windows		b311674bd26a602011d8baea2381df9e	8867595	SIG
Windows installer (32-bit)	Windows		b29b19a94bbe498808e5e12c51625dd8	27281416	SIG
Windows installer (64-bit)	Windows	Recommended	53a354a15baed952ea9519a7f4d87c3f	28377264	SIG

图 1-3　下载页面的安装文件信息

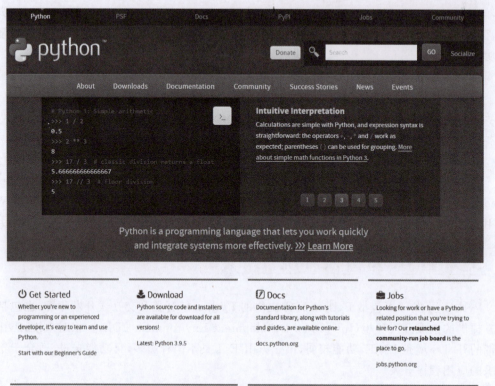

作者下载的是 Python-3.10.2-amd64.exe,安装界面如图 1-4 所示。单击 Install Now 开始安装,安装过程比较简单。

图 1-4　安装界面

在默认安装路径安装完毕,会在<用户文件夹>\AppData\Local\Programs\Python\Python 310 看到安装后的 Python.exe 文件,同时会在启动菜单中看到新安装的四个应用程序图标,如图 1-5 所示。四个文件的主要功能如下:

(1) IDLE(Python 3.10 64-bit):Python 官方提供的交互式编程工具。

(2) Python 3.10(64-bit):Python 解释器,可以执行交互式命令。

图 1-5　Windows 开始菜单中的 Python 文件

(3) Python 3.10 Module Docs(64-bit):Python 内置模块帮助文件。

(4) Python 3.10 Manuals(64-bit):Python 帮助文件。

　知识拓展:Python 解释器安装

(1) 在 Python 解释器安装的导航界面,下面有"Add Python 3.** to PATH"选项,需要勾选此选项,将 Python 自动添加到系统环境变量中。如果不勾选该选项,在操作系统控制台(如 Windows 系统 DOS 命令行)输入 Python 命令则可能会出现"不是内部命令"或"找不到该命令"的提示,此时需要手动配置环境变量。

(2) 进入 Python 解释器环境之后,可以通过关闭窗口、输入 exit()命令、quit()命令或按组合键 Ctrl+Z 退出 Python 环境。

1.2.2　常用集成开发环境

Python 是一门支持跨平台的语言,可以运行在 Windows、macOS 和各种 Linux/UNIX

系统上。学习 Python 编程前,首先需要安装 Python,安装后,系统会自动安装一个命令行交互环境,还有一个简单的集成开发环境 IDLE。

1. Python 命令行解释器

安装完 Python 程序后,启动 Python 解释器的方法有两种:一是直接在程序菜单中找到安装的 Python 图标,双击运行,如图 1-6(a)所示;二是在 DOS 命令窗口直接输入 Python 命令,按 Enter 键启动 Python 解释器,此时出现 Python 提示符(>>>),表示已经进入 Python 解释器,可以输入 Python 语句或命令,如图 1-6(b)所示。

(a) 方法一　　　　　　　　　　　　(b) 方法二

图 1-6　用两种方法成功启动 Python 解释器后的界面

默认情况下,Python 3 源码文件的编码是 UTF-8。这种编码支持世界上大多数语言的字符,可以用于字符串字面值、变量、函数名及注释。但是标准库只用常规的 ASCII 字符作为变量名或函数名,对于可移植代码也要符合该项约定。要正确显示这些字符,编辑器必须能识别 UTF-8 编码,且必须支持使用文件中所有字符的字体。

如果不使用默认编码,则要声明文件的编码,程序的第一行要写上特殊注释。语法格式如下:

```
# -*- coding: encoding -*-
```

其中,encoding 可以是 Python 支持的任意一种编码。比如,要声明使用 windows-1252 编码,在源码文件的开头需要声明,语法如下:

```
# -*- coding: cp1252 -*-
```

2. IDLE 集成开发环境

IDLE 是 Python 内置的开发与学习环境。当安装好 Python 后,IDLE 就自动安装好了。IDLE 集成开发环境简单实用,提供了程序编辑与调试的基本功能。

IDLE 有两种主要的窗口类型:Shell 窗口和编辑器窗口,如图 1-7 所示。Shell 窗口提供了命令行形式的解释执行环境。编辑器窗口提供了 Python 程序的编辑、调试运行等功能,可以同时打开多个编辑器窗口,并且对于 Windows 和 Linux 平台,窗口顶部主菜单各不相同,需要加以区别。

IDLE 具有以下特性:

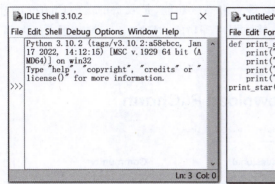
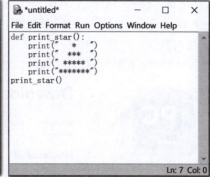

图 1-7　Python 的 Shell 窗口和编辑器窗口

（1）编码采用纯正 Python 语法格式，界面使用 tkinter 图形用户界面工具开发。
（2）跨平台：在 Windows、Unix 和 macOS 具有近似的界面和操作方式。
（3）提供输入/输出、语法高亮和错误信息显示的 Python 命令行窗口。
（4）提供多次撤销操作、语法高亮、智能缩进、函数调用提示、自动补全等功能的多窗口文本编辑器。
（5）支持在多个窗口中检索的功能。
（6）调试器提供断点调试、单步调试、查看本地和全局命名空间等功能。

知识拓展：IDLE 集成开发环境

（1）输入 exit()命令或 quit()命令可以退出 IDLE。
（2）IDLE 默认打开或保存 Python 源程序文件，即扩展名为.py 的文件。IDLE 将扩展名为.py 文件的内容看作 Python 代码，而其他扩展名文件内容不看作是 Python 代码。
（3）IDLE 默认字体比较小，可以通过执行 options→Configure IDLE 命令设置显示字体。

3. PyCharm 集成开发环境

PyCharm 是一种由 JetBrains 公司开发的 Python 集成开发环境，具有调试、语法高亮、项目管理、代码跳转、智能提示、自动完成、单元测试、版本控制等帮助用户提高 Python 开发效率的功能。该 IDE 工具还支持 Django 框架下的专业 Web 开发。

PyCharm 是一款比较流行的 Python IDE 工具，拥有众多用户，也是初学者首选的编程环境，使用起来较易上手。PyCharm 功能十分强大，是 Python 专业开发人员的有力工具。

PyCharm 有专业版（Professional）、社区版（Community）和教育版（Education）等版本，PyCharm 下载的网址为：https://www.jetbrains.com/pycharm/，如图 1-8 所示（教育版在单独页面提供下载，地址为 https://www.jetbrains.com/pycharm-edu/）。PyCharm 专业版是功能最丰富的，具有 PyCharm 的全部功能，包括 Web 开发、Python Web 框架、Python

视频讲解

分析器、远程开发、支持数据库与 SQL 等更多高级功能，是收费的。PyCharm 的社区版免费，但是缺少 Web 开发、远程开发、支持数据库等功能。PyCharm 教育版支持大部分功能，主要面向学校的教学工作。

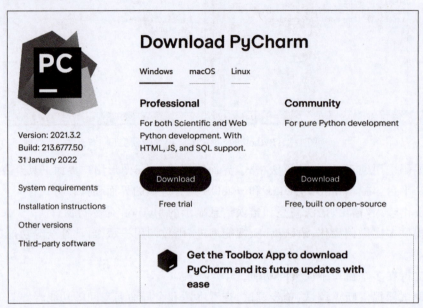

图 1-8　官网提供的 PyCharm 的不同版本

如果需要使用 PyCharm，又恰好是老师或学生，可以免费申请享用高大上的专业版，前提是有学校的邮箱，且需要发送成绩单或学生证之类的证明文件才能够申请成功。申请地址为：https://www.jetbrains.com/student/。

视频讲解

4. Anaconda 与 Jupyter Notebook

Anaconda 和 Jupyter Notebook 已成为数据分析的主流开发环境。Anaconda 是 Python 包管理器和环境管理器，Jupyter Notebook 可以将数据分析的代码、图像和文档全部组合到一个 Web 文档中，可以实现 Python 代码的编辑、管理、运行及展示分析结果。

Anaconda 是一个开源的 Python 发行版本，其包含 conda、Python 等 180 多个科学包及其依赖项。Python 使用过程中会下载并使用大量的库文件，有些情况下安装这些包容易产生冲突，conda 可以提供很好的虚拟环境管理器，给不同项目建立虚拟环境，将其彼此隔离开。conda 可以方便地导出虚拟环境配置并在另一台计算机上复现，便利了项目的迁移。

Jupyter Notebook 类似一款基于 Web 的 Python 集成开发环境，支持实时代码、数学方程、可视化和 Markdown，便于创建和共享程序文档。Jupyter Notebook 可以插入 Markdown 说明文字和 Latex 数学公式，用图文并茂的方式及文档管理的形式将代码管理起来，极大地增强了代码的可读性。Jupyter Notebook 可以调用 IPython 丰富的"魔法函数"，比如程序计时、重复运行、显示图片等，也可以将写好的代码和文档以网页或者 PPT 的形式在线分享，十分方便。图 1-9 是 Jupyter Notebook 运行界面，代码结构十分清晰，可读性强。

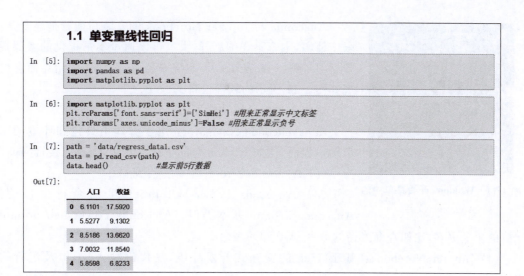

图 1-9　Jupyter Notebook 运行界面

Anaconda 和 Jupyter Notebook 可以到 Anaconda 官网（https://www.anaconda.com/）下载，如图 1-10 所示。可以选择下载 Anaconda 个人版（Individual Edition），并选择 Windows、macOS 或 Linux 版本。

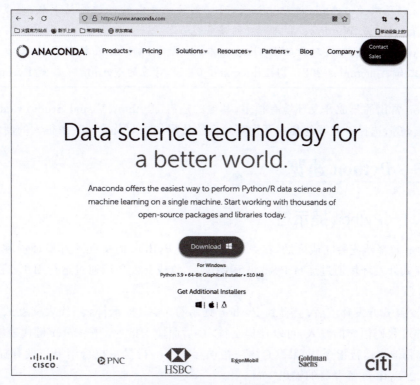

图 1-10　Anaconda 官网

图 1-11　Windows 开始菜单中的 Anaconda 文件

Anaconda 与 Jupyter Notebook 的安装与配置稍显复杂，限于篇幅，本章不详细展开，大家可以通过本书提供的微课视频学习了解。在 Windows 系统安装后，在程序开始界面会出现如图 1-11 所示的软件工具。

这些工具的具体功能如下：

（1）Anaconda Navigator：用于管理工具包和环境的图形用户界面，比如 Python 包的下载与安装，需要连接官网。

（2）Anaconda Prompt：命令行窗口。

（3）Anaconda Powershell prompt：命令行窗口，与 Anaconda Prompt 基本类似。Anaconda Powershell prompt 支持的命令更多，比如查询路径的命令 pwd 和列表命令 ls。

（4）Jupyter Notebook：基于 Web 的交互式开发环境，是代码输入、编辑及运行的窗口。

（5）spyder：是一款跨平台的科学运算集成开发环境，界面类似于 PyCharm。

 知识拓展：**Anaconda 与 Jupyter Notebook**

（1）官网下载 Anaconda 速度比较慢，可以到清华开源软件镜像站下载，速度很快。选择 Linux、macOS 或 Windows 系统对应的安装包。

（2）Anaconda 通常有对应的 Python 版本，如果对 Python 版本有要求，需要下载对应的版本。比如 Anaconda3-2021.11-Linux-x86_64.sh 对应的 Python 版本是 Python 3.9。

Python 常用的集成开发环境有很多，其他的还有 IPython、Visual Studio Code、Eclipse with PyDev 等，选择一款好的集成开发环境会给代码的编写及管理带来很大的便利。

1.3　Python 速览

1.3.1　Python 提示符

视频讲解

Python 解释器安装完成之后，在系统中就有了 Python 的交互式开发环境和集成开发环境，交互式开发环境通过运行 Python 程序进入，集成开发环境通过运行 IDLE 程序进入，如图 1-12 所示。

进入交互式开发环境后，会看到 Python 提示符>>>。提示符>>>代表交互式开发环境等待 Python 代码语句的输入，可以在提示符>>>后面输入指令。按 Enter 键代表输入结束，Python 解释器将运行指令，如果没有语法错误会在下一行显示执行结果。没有提示符>>>开头的行是 Python 解释器的输出。

Python 解释器还有另外一个提示符…，其如果出现在开头，表示多行命令，当程序占用超过一行时会出现该提示符,此时需要输入一个空行并按 Enter 键结束当前程序段,如图 1-13 所示。

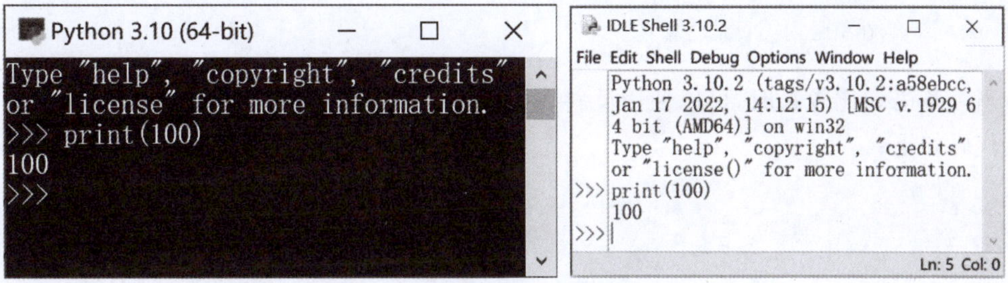

图 1-12　Python 开发环境及提示符

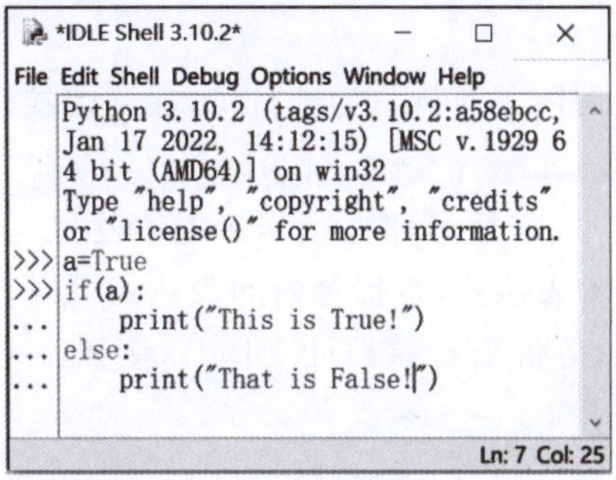

图 1-13　Python 中的提示符...

1.3.2　变量赋值

Python 中的变量不需要事先声明类型,系统会根据所赋数据的类型确定变量的类型,例如:

```
a = 100
b = 1.0
```

以上代码定义了两个变量 a 和 b,a 的值为 100,b 的值为 1.0,因此 a 的数据类型为整数类型,b 的数据类型为浮点数类型。

1.3.3　注释与换行

视频讲解

注释用于阐明代码的含义,增加程序的可读性。Python 不会将注释作为代码进行解释。输入代码时,可以不输入注释。

Python 注释以♯开头,直到该物理行结束,物理行中♯之后的内容都为注释。

♯注释符号可以在行的开头,或在代码之后,但不能在字符串里面。字符串中的♯没有注释的含义。

下面是注释的示例:

```
# 第一个注释
spam = 1                    # 第二个注释
                            # 第三个注释
text = "#在引号内不再是注释"
```

当一条语句比较长时,可以使用反斜线(\)作为续行符,使用效果和书写在同一行一样,示例代码如下:

```
>>> a = 100
>>> b = a * 2 + a * 3 + a * 4 + \
... 100
>>> b
1000
>>>
```

上述代码中的 b 表达式占用了两行,\为续行符,起到连接两行的作用,相当于 b 表达式进行了换行,等价于 b=a*2+a*3+a*4+100。

在 Python 语言中,小括号、方括号和大括号中的表达式可以不使用\换行。比如在以下示例中 c 是一个简单的算术表达式,小括号内的表达式可以直接按 Enter 键进行换行,表示的含义与写在同一行相同,等价于 c=(a+b+100),例如:

```
>>> a = 10
>>> b = 20
>>> c = (
... a + b
... + 100
... )
>>> c
130
>>>
```

视频讲解

1.3.4 print()输出

print()是 Python 3 最常用的内置函数,在后面的许多实例中都要用到,在此先简要介绍该函数的用法。

print()函数的简单格式如下:

```
print( * objects, sep = ' ', end = '\n')
```

其中,objects、sep 和 end 都是 print()函数的参数,objects 是要显示的对象列表,sep 是显示对象时的分隔符,end 内容追加在显示内容的末尾,其中 sep、end 参数可以采用默认值,如果要改变 sep、end 参数的默认值必须以关键字参数的形式给出,在 print()语句中明确指出 sep、end 参数的内容。print()函数的示例用法如下:

```
>>> a = 100
>>> b = "hello"
>>> print(a,b)                              # 将变量a,b输出显示
100 hello
>>> print(a,b,sep = " + ")                  # 在显示对象之间用+分隔
100 + hello
>>> if True:
...     print(a,b,sep = " + ",end = ",")    # end参数在末尾添加",",且不换行
...     print(a)                            # 变量a的内容输出显示在同一行
...
100 + hello,100
```

由以上示例可以看出，如果在输出数据之间加分隔符可以利用 sep 或 end 参数；如果要使输出不换行或在输出末尾添加一些特殊字符，则可以使用 end 参数。

1.3.5 缩进

视频讲解

缩进是 Python 组织语句的方式。缩进是通过在程序行前面增加空格或制表位，来表示代码之间的逻辑与层次关系。

在以下代码中，if 语句中的两条 print 语句具有相同的缩进关系，表明这两条语句属于同一个语句块，当 if 条件满足的时候都要执行；而 else 语句后面的两条 print 语句也具有相同的缩进关系，表明这两条语句同属一个语句块，当 else 条件满足的时候，这两条语句都要执行。示例代码如下：

```
flag = True
if(flag):
    print("Flag is True!")
    print("Let's go!")
else:
    print("Flag is not True!")
    print("We cannot go!")
```

缩进关系类似于 C 语言中的大括号对，同一个语句块的每一行的缩进相同。Python 中通过缩进表示代码的逻辑与层次关系，所以刚开始学习 Python 时一定要注意，因为缩进关系导致的程序功能问题，在调试时较难发现。

在 Python 3 中，通常使用 4 个空格表示一级缩进。许多编辑器中按 Tab 键也可输入 4 个空格。

在交互式命令行里，要为每个需要缩进的行输入制表符或空格。Python 集成开发环境的文本编辑器一般都支持自动缩进。交互式命令行中输入复合语句时，要在最后输入空白行表示复合语句的结束。

1.4 模块与包

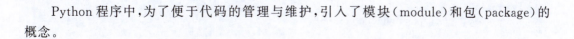

Python 程序中，为了便于代码的管理与维护，引入了模块（module）和包（package）的概念。

1.4.1 模块

视频讲解

模块是包含 Python 定义和语句的文件,其文件名是模块名加后缀名.py,是可以实现一组功能的 Python 代码,包含 Python 的定义和声明文件,可实现其自身定义的变量、函数、类等代码。

1. 用 import 命令导入模块

一个 Python 文件可以看成一个模块,模块内的 Python 代码可以通过 import 命令访问另一个模块内的代码,也可以通过该命令将模块导入 Python 解释器。比如用文本编辑器在当前目录下创建 fibonacci.py 文件,其中定义了 fib(n)函数用于计算小于 n 的斐波那契数列的数据,fib2(n)函数返回的是小于 n 的斐波那契数列的列表形式,代码如下:

```python
# 斐波那契数列模块
# 文件名:fibonacci.py
def fib(n):                  # 函数 fib():计算 n 以内的斐波那契数列
    a, b = 0, 1
    while a < n:
        print(a, end = ' ')
        a, b = b, a + b
print()
def fib2(n):                 # return Fibonacci series up to n
    result = []
    a, b = 0, 1
    while a < n:
        result.append(a)
        a, b = b, a + b
    return result
```

进入 Python 解释器,用 import 命令可以导入该模块,代码如下:

```
>>> import fibonacci
```

这项操作只导入模块名 fibonacci,而没有把 fib()函数定义名称直接导入当前符号表。模块导入后,借助于模块名可以访问其中定义的函数 fib(n),示例代码如下:

```
>>> fibonacci.fib(1000)
0 1 1 2 3 5 8 13 21 34 55 89 144 233 377 610 987
```

如果经常使用某个函数,可以把它赋值给局部变量,后续便可以直接将其当作导入的函数使用,示例代码如下:

```
>>> fib = fibonacci.fib
>>> fib(500)
0 1 1 2 3 5 8 13 21 34 55 89 144 233 377
```

2. 重命名导入的模块

有时候导入的模块名字较长，简单起见，在import导入时，可以为导入模块取一个别名，在后续使用过程中可以直接使用这一别名。使用别名，也可以避免与当前模块中存在的同名的方法或变量产生冲突。方法是在模块名后使用as，直接把as后的名称与导入模块绑定。比如之前导入的模块名为fibonacci，可以为其起一个名字较短的别名fib，后面可以直接使用fib作为模块名进行操作，示例代码如下：

```
>>> import fibonacci as fib
>>> fib.fib(500)
0 1 1 2 3 5 8 13 21 34 55 89 144 233 377
```

3. 用from import命令导入模块

from import命令是import命令的变体，可以直接把模块里的函数名称导入另一个模块的符号列表。例如：

```
>>> from fibonacci import fib, fib2
>>> fib(500)
0 1 1 2 3 5 8 13 21 34 55 89 144 233 377
```

上述代码没有将模块名导入局部符号列表，因此使用的过程中没有出现fibonacci.fib(500)的形式，而是直接使用fib(500)，也就是说通过from import形式导入的模块函数直接进入了当前程序的局部符号列表，可以直接使用。

使用from import命令导入模块的时候，还可以使用"*"导入模块中的所有函数，示例代码如下：

```
>>> from fibonacci import *
>>> fib500 = fib2(500)
>>> print(fib500)
[0, 1, 1, 2, 3, 5, 8, 13, 21, 34, 55, 89, 144, 233, 377]
```

上述代码直接将fibonacci模块中的所有函数导入当前程序的局部符号列表，并直接使用，比如程序中直接调用了fib2()函数产生小于500的斐波那契序列的列表。但是需要注意，当前函数里面最好不要存在与导入函数同名的变量或函数，否则容易引起混乱和冲突。实际编程时最好避免使用"form … import *"的形式导入，防止函数名称的冲突。

在程序开发过程中，随着程序代码越写越多，代码文件会越来越长，代码的易读性和可维护性就会变差。Python中的模块可以把很多函数分组，分别放到不同的文件里，通过模块导入的方式引用其中的函数，大大提高代码的可维护性。编写代码也不必从零开始，当一个模块编写完毕，就可以被其他地方引用。

使用模块还可以避免函数名和变量名的冲突。存在于不同模块中的函数和变量完全不用考虑名称冲突的问题，因此，在自行编写模块时，不必考虑名字会与其他引用模块内部名称冲突。

当一个模块首次被导入时,Python 会搜索该模块,如果找到就创建一个模块对象并将其初始化。当调用导入机制时,Python 会使用多种策略搜索指定名称的模块。

4. 模块搜索路径

模块导入时,解释器首先在内置模块中查找同名模块。如果没找到,解释器将从 sys.path 变量中的目录列表里查找对应的 Python 文件。例如,fibonacci 模块导入时,解释器先在内置模块中搜索 fibonacci 模块;如果没有找到,将再从 sys.path 变量中的目录列表查找 fibonacci.py 文件;如果找不到就会报错。

sys.path 初始化时包含以下位置:

(1) 输入脚本的目录(或未指定文件时的当前目录)。

(2) PYTHONPATH 目录(目录列表,与 Shell 变量 PATH 的语法相同)。

(3) 安装程序设置的默认目录(The installation-dependent default)。

实际上,Python 解释器由 sys.path 变量指定路径目录搜索模块,该变量初始化时默认包含当前目录、PYTHONPATH 和安装目录。Python 程序在运行时可以更改 sys.path,使正在编辑的脚本文件路径被放在搜索路径的开头,当运行脚本中存在与标准库中同名的模块时,会加载当前目录下的模块,而不是标准库的同名模块。

> **注意事项:模块导入**
>
> (1) 为了保证运行效率,每次解释器会话只导入一次模块。
>
> (2) 一般来说,所有 import 语句都要放在模块(或脚本)开头。
>
> (3) Python 具有模块检查机制,一个模块只会被导入一次。
>
> (4) 如果更改了模块内容,必须重启 Python 解释器,重新导入。
>
> (5) import 语句是发起调用导入机制最常用的方式,但不是唯一的方式。importlib.import_module() 及内置的 __import__() 等函数也可以被用来发起调用导入机制。

视频讲解

1.4.2 标准库

标准库(Standard Library)也称作标准模块,Python 拥有丰富的标准库。Python 语言的核心只包含数字、字符串、列表、字典、文件等常见类型和函数,而 Python 标准库提供了系统管理、文本处理、数据库接口、网络通信、网络协议等功能。

Python 系统安装之后,标准库也随之安装。标准库是 Python 运行的核心,有一些标准库包含在 Python 解释器中,可以直接使用,这部分函数称为内置函数(Built-in Functions),比如 print()、id()、len()、type()等;还有一些标准库需要先用 import 命令引用,才可以使用其定义的函数,如 sys 模块、os 模块、random 模块等。

例如,模块 sys 是系统自带的标准库,它被内嵌到每一个 Python 编译器中,可以利用其自带的 winver 属性显示当前 Python 版本,利用 path 属性显示默认目录列表。示例代码如下:

```
>>> import sys
>>> sys.winver
'3.10'
>>> sys.path
['', 'D:\\Program Files\\Python\\Python310\\Lib\\idlelib', 'D:\\Program Files\\Python\\Python310\\Python310.zip', 'D:\\Program Files\\Python\\Python310\\DLLs', 'D:\\Program Files\\Python\\Python310\\lib', 'D:\\Program Files\\Python\\Python310', 'D:\\Program Files\\Python\\Python310\\lib\\site-packages']
```

如果想查看标准库中定义的函数、变量等信息,可以使用内置函数 dir(),该函数用于查找模块定义的名称,返回结果是经过排序的字符串列表。

例如,列出标准库 math 中的所有属性与方法信息,代码如下:

```
>>> import math
>>> dir(math)
['__doc__', '__loader__', '__name__', '__package__', '__spec__', 'acos', 'acosh', 'asin', 'asinh', 'atan', 'atan2', 'atanh', 'ceil', 'comb', 'copysign', 'cos', 'cosh', 'degrees', 'dist', 'e', 'erf', 'erfc', 'exp', 'expm1', 'fabs', 'factorial', 'floor', 'fmod', 'frexp', 'fsum', 'gamma', 'gcd', 'hypot', 'inf', 'isclose', 'isfinite', 'isinf', 'isnan', 'isqrt', 'lcm', 'ldexp', 'lgamma', 'log', 'log10', 'log1p', 'log2', 'modf', 'nan', 'nextafter', 'perm', 'pi', 'pow', 'prod', 'radians', 'remainder', 'sin', 'sinh', 'sqrt', 'tan', 'tanh', 'tau', 'trunc', 'ulp']
```

1.4.3 包

视频讲解

Python 只有一种模块对象类型,所有模块都属于该类型,无论模块是用 Python、C 还是别的语言实现。为了帮助组织模块并提供名称层次结构,Python 还引入了包(package)的概念。包由多个模块组成,也就是说包含了多个 Python 文件。可以把包看成文件系统中的目录,并把模块看成目录中的文件,包通过层次结构对 Python 文件进行组织。

包是一种用"点式模块名"构造 Python 模块命名空间的方法。例如,模块名 A.B 表示包 A 中名为 B 的子模块。正如模块可以区分不同模块之间的全局变量名称一样,点式模块名可以区分 NumPy 或 Pillow 等不同多模块包之间的模块名称。

包是在模块之上的概念,为了方便管理而将模块文件进行打包。Python 定义了两种类型的包,即常规包(regular packages)和命名空间包(namespace packages)。常规包通常以一个包含 __init__.py 文件的目录形式实现。当一个常规包被导入时,这个 __init__.py 文件会隐式地被执行,它所定义的对象会被绑定到该包命名空间中的名称上。__init__.py 文件可以包含与任何其他模块中所包含的 Python 代码相似的代码,Python 将在模块被导入时为其添加额外的属性。

例如,以下文件系统定义了一个最高层级名为 parent 的包和三个子包:

```
parent/
    __init__.py
    one/
        __init__.py
        module1.py
    two/
        __init__.py
        module2.py
    three/
        __init__.py
        module3.py
```

可以与模块导入一样，导入包中的模块文件，如下所示：

```
import parent.one.module1
```

也可以采用 from import 的形式导入，如下所示：

```
from parent.one import module1
```

注意，使用 from package import item 语句时，item 可以是包的子模块（或子包），也可以是包中定义的函数、类或变量等其他名称。import 语句首先测试包中是否定义了 item；如果未定义，则假定 item 是模块，并尝试加载。如果找不到 item，则触发 ImportError 异常。

1.4.4 第三方库

库可以看成是具有相关功能模块的集合，Python 具有强大的标准库（standard library）和第三方库（third-party library）。第三方库是由第三方机构发布的具有特定功能的模块。

Python 社区提供了大量的第三方库，第三方库可以到 Python 开源社区下载（https://pypi.org/），该社区目前有超过 36 万多个开源项目，它们的功能覆盖科学计算、Web 开发、数据库接口、图形系统等众多领域。

第三方库的使用方式与标准库类似，但需要安装才能使用，安装方法需要用到下面所讲 pip 包管理工具。安装后，还需要执行第三方库的模块导入才能使用。

例如，NumPy 是 Python 语言的一个扩展程序库，支持大量的维度数组与矩阵运算，此外也针对数组运算提供大量的数学函数库，使用 pip 安装后，可以通过 import 导入使用。以下是利用 NumPy 的 array 创建一个一维的数组 a：

```
>>> import NumPy as np
>>> a = np.array([1,2,3])
>>> print(a)
[1,2,3]
```

1.4.5　pip 包管理工具

视频讲解

Python 作为一个流行的开源开发项目，拥有大量第三方用户的支持。第三方模块是第三方提供的 Python 解决方案，允许 Python 用户有效地共享和协作，并使得用户可以快速开发一些应用。Python 安装包中的工具有 easy_install、setuptools、pip、distribute 等，其中 pip 是 Python 官方推荐的包管理工具，目前使用最为广泛。

从 Python 3.4 开始，Python 自带 pip 包管理工具，可以实现对 Python 包的查找、下载、安装和卸载。安装完 Python 后，可以在 Python 安装目录中的<安装目录>/ Scripts 文件夹找到 pip.exe 和 pip3.exe 工具文件。

Python 安装完成后，在 Windows 的 cmd 命令窗口可以直接执行 pip 命令，直接运行 pip 会显示出 pip 命令和参数的使用帮助信息，如图 1-14 所示。

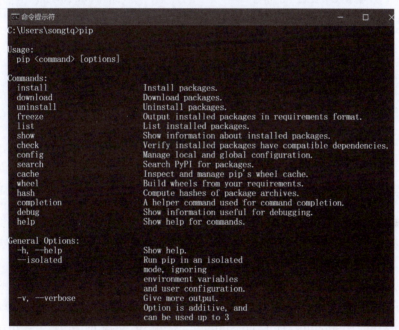

图 1-14　pip 命令和参数的使用帮助信息

Python 中的模块特别多，可以借助于 pip 安装模块。使用 pip 安装模块依赖于 pip 仓库，其默认网址为 http://pypi.python.org/，只要仓库里面有的模块都可以借助于 pip 进行安装。在此简要介绍一下 pip 常用命令及参数的使用方法。

1. pip 用法格式

pip 包管理工具的使用格式如下：

```
pip < command > [options]
```

其中，command 是 pip 命令，主要命令包括 install、uninstall、list 等；options 是参数选

项,如-V、-h、-proxy 等,可参考图 1-14 所示的 pip 参数帮助信息。pip 命令主要参数的简要说明如表 1-3 所示。

表 1-3　pip 命令主要参数

命　　令	功　　能	示　　例
install	安装库	pip install PyGame
download	下载需要的模块及其所需依赖	pip download csvkit -d c:\test
uninstall	卸载库	pip uninstall PyGame
freeze	查看项目所安装的第三方库,也可以将安装的库信息导入一个文件,便于对 Python 进行环境迁移	pip freeze pip freeze ＞D:\requirements.txt
list	展示所有库及其版本	pip list
show	显示某个安装库的信息	pip show PyGame

2. 安装包

(1) 从 pip 中查找对应安装包下载并安装,代码如下:

```
pip install <包名>              #安装最新版本
pip install <包名>==2.0.1       #安装指定版本
pip install <包名>=1.0.1        #安装最小版本
```

【例 1-1】 利用 pip 安装 PyGame 包。

代码如下:

```
pip install PyGame
```

(2) 从指定镜像位置下载安装。

有时候采用 pip 安装包很慢,而且很不稳定,经常出错。这主要是由于 pip 安装默认访问的位置是 Python 官网,即: https://pypi.org/simple/,有时候访问速度很慢,容易出错。解决的办法是采用其他安装包的替代镜像源,从指定的镜像源网站进行下载安装。目前,常用的国内 pip 镜像源有清华大学、豆瓣、腾讯云、阿里云等,清华大学镜像源的网址为: https://pypi.tuna.tsinghua.edu.cn/simple/,豆瓣镜像源的网址为: https://pypi.douban.com/simple/,腾讯云镜像源的网址为: https://mirrors.cloud.tencent.com/pypi/simple/。从指定镜像源位置下载安装的格式如下:

```
pip install -i<包镜像网址> <包名>          #从指定镜像位置安装包
```

【例 1-2】 从清华大学镜像源下载安装 PyGame 包。

代码如下:

```
pip install -i https://pypi.tuna.tsinghua.edu.cn/simple PyGame
```

(3) 删除已安装的安装包。

对已经安装的安装包进行删除,格式如下:

```
pip uninstall <包名>              #删除已安装的安装包
```

【例 1-3】 将已安装的 PyGame 安装包删除。
代码如下:

```
pip uninstall PyGame              #删除已安装的 PyGame 安装包
```

(4) 列出已安装的安装包。
将所有已安装的安装包以表列出,格式如下:

```
pip list                          #显示已安装的安装包
```

 知识拓展:pip 包管理工具

(1) Python 2 或 Python 3.4 之前的版本,需要单独安装使用。
(2) 使用 pip 安装工具可以实现一些模块的在线安装,也可以将安装包下载到本地进行安装,下载的安装包的后缀名是.whl,可以直接使用 pip 进行安装。如果不在 whl 文件所在目录进行安装,需要加上 whl 文件所在路径,如 pip install c:\Python\packages\ bullet-2.1.0-py3-none-any.whl。

 ## 设计实践

1. Python 开发环境安装

1) Python 开发环境安装
到 Python 官网下载并安装 Python 开发环境,安装后检查安装的程序并调试运行。
2) PyCharm 集成开发工具安装
到 PyCharm 官网下载并安装 PyCharm 集成开发工具,安装成功后编写并调试运行。

2. pip 包安装工具的使用

练习使用 pip 包安装工具进行 PyGame、pyMySQL 包安装和卸载。

3. 设计练习

利用安装的 Python 解释器或集成开发环境,并使用 print()函数,输出"Hello World!"。

 ## 本章小结

Python 是一门易于学习、功能强大的编程语言,经过 30 多年的发展,如今已经跃居流行语言排名榜前列。Python 语言具有简单明确、面向对象、开源免费、可移植、第三方库资源丰富等鲜明的特点,是一门解释型语言。Python 是一门支持跨平台的语言,可以运行在 Windows、macOS 和各种 Linux/Unix 系统中。

Python 采用缩进结构组织语句及模块结构,引入模块(module)和包(package)的概念。模块是包含 Python 定义和语句的文件,其文件名是模块名加后缀名.py,包含可实现一组功能的 Python 代码。包由多个模块组成,通过层次结构对 Python 文件进行组织。Python 具有强大的标准库和第三方库。

本章习题

一、填空题

1. _____ 通过在程序行前面增加空格或制表位,来表示代码之间的逻辑与层次关系。
2. Python 注释以 _____ 开头,直到该物理行结束。
3. Python 交互式开发环境中,Python 的提示符为 _____。
4. _____ 也称作标准模块,提供包括系统管理、文本处理、数据库接口、网络通信、网络协议等功能。
5. _____ 通常以一个包含 __init__.py 文件的目录形式实现。
6. 库可以看成是具有相关功能的模块的集合,Python 具有强大的 _____ 和第三方库。

二、选择题

1. Python 是一种( )的高级语言。
   A. 面向硬件　　　B. 面向过程　　　C. 面向对象　　　D. 面向机器
2. Python 3.x 默认采用的编码为( )。
   A. ASCII　　　　B. GB2312/GBK　　C. Unicode　　　D. UTF-8
3. 下列关于 Python 的说法中,错误的是( )。
   A. Python 是从 ABC 发展起来的
   B. Python 是一种解释型语言,Python 程序不需要编译成可执行代码执行
   C. Python 支持面向对象程序设计,不支持函数式编程
   D. Python 是一种代表极简主义思想的语言,追求语言的简单清晰
4. 下列关于 Python 的说法中,错误的是( )。
   A. Python 的包一般指包含若干模块的文件夹
   B. Python 的模块一般是指包含若干函数定义、类定义或常量的 Python 源程序文件
   C. 标准库随 Python 系统安装,但有一些标准库需要先用 import 导入才能使用
   D. pip 工具是 Python 自带的扩展库管理工具,只能使用 pip 安装扩展库
5. 下列关于 Python 的说法中,错误的是( )。

A. Python 的官方文档中提供的代码规范是 PEP8

B. Python 是一种高级脚本语言

C. Python 是一门面向对象的语言,支持继承、重载、派生、多继承

D. Python 是一种真正的编译型语言,具有比传统编译型语言更强大的功能

6. Python 可以在多种平台运行,这体现了 Python 语言的(　　)特性。

   A. 广适性　　　　　B. 易用　　　　　C. 可裁剪　　　　　D. 可移植

7. Python 中,要使输出不换行,在输出末尾添加不同的字符,可以使用(　　)关键字。

   A. continue　　　　B. sep　　　　　　C. format　　　　　D. end

三、判断题

1. 无论执行多少次 import 命令,一个模块只会被导入一次。(　　)
2. 所有 import 语句都必须放在程序的开头。(　　)
3. 一个 Python 文件可以看成是一个模块。(　　)
4. Python 代码具有兼容性,Python 3 完全兼容 Python 2 的代码。(　　)
5. Python 解释器的提示符…出现在开头,表示多行命令。(　　)

四、简答题

1. 简述 Python 语言的特点。
2. 简述 Python 语言有哪些应用领域。
3. 什么是模块和标准模块?
4. 什么是包,包有哪些类型?
5. 简述在模块导入时,Python 怎样搜索模块?

第 2 章 Python语法基础

CHAPTER 2

 章节导图

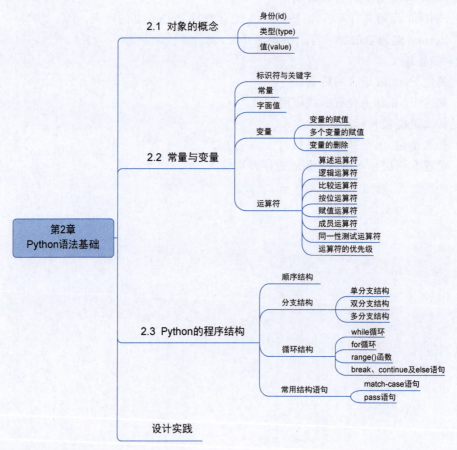

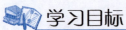 学习目标

（1）理解对象的概念，掌握对象具有的三种基本特性；

(2) 掌握标识符与关键字的概念；
(3) 掌握常量与变量的概念；
(4) 掌握 Python 常用的运算符及其用法；
(5) 掌握 Python 程序结构及常用的语句。

2.1 对象的概念

视频讲解

学习 Python 的语法，首先要了解对象(object)的概念。每种编程语言都有对象的定义和理解方式，通常来说对象代表一类事物或功能，具有属性和方法。Python 语言是一门面向对象的语言，它有一个重要的概念，即一切皆对象。在 Python 语言看到的东西都可以看成是一个对象，比如数字、字符串、变量、函数、类等都是对象。在 Python 中有些对象的定义是松散的，可以没有属性，也没有方法。Python 中的对象都可以赋值给变量或作为参数传递给函数。在后面的学习中可以看到 Python 编程的灵活性。

Python 的所有对象都有三个基本特性：身份(id)、类型(type)和值(value)。

1. 身份

Python 的每个对象都有一个唯一的身份，是一串用于标识身份的数字，可以使用内置函数 id()得到。该值是一个整数，每个对象的身份不同，可以与该对象的内存地址对应，在此对象的生命周期中保证是唯一且恒定的。在 Python 内部看到的数字、字符串、变量等都有自己的身份，比如 100 的身份为 2243623802320(该值与运行环境有关)。

```
>>> id(100)
2243623802320
>>> id("Hello!")
2243661702640
```

2. 类型

每个对象都有自己的类型，类型可以限制对象的取值范围及可执行的操作。Python 提供了内置函数 type()，用于获得对象的类型。Python 提供的类型有很多，其中包括数据类型、变量、函数、类等，会在后续章节陆续讲解。示例代码如下：

```
>>> a = None;b = True;c = 100;d = "Hello"
>>> type(a)
< class 'NoneType'>
>>> type(b)
< class 'bool'>
>>> type(c)
< class 'int'>
>>> type(d)
< class 'str'>
```

3. 值

每个对象都有自己的值,值是对象所表示的数据,不同对象存储数据的形式不同。对象的值可以通过对象的名称、print()函数或其他形式获得。示例代码如下:

```
>>> b = True;c = 100;d = "Hello"
>>> b
True
>>> c
100
>>> print(c)
100
```

💡 **注意事项**:对象的身份值可能不同

对象的身份值在其生命周期中是唯一且恒定的,但在不同IDE下或者同一IDE重新启动后使用id()函数得到的身份值可能不同。

2.2 常量与变量

视频讲解

2.2.1 标识符与关键字

1. 标识符

现实世界中每种事物人们都会为它取一个名称,在程序中也是这样。标识符(identifier)就是给对象取的名称。可以为程序中用到的变量、函数、类、模块等对象取一个名称,方便开发人员使用和记忆。

Python中标识符的命名规则与其他高级语言类似,主要规则如下:

(1) 标识符由字母、下画线和数字组成,不能以数字开头。

(2) Python中的标识符区分大小写。

(3) python中的标识符不能使用关键字。

关键字在下面做具体介绍。除了Python规定的关键字以外,符合以上规则的都可以作为标识符的名称,比如name、score_1等,但是Data和data就是两个不同的标识符名称。

下面是几个合法与非法标识符的示例:

```
Name_01          # 合法的标识符
Hello-World      # 不合法的标识符,标识符不能包含-符号
123_No           # 不合法的标识符,标识符不能以数字开头
```

Python提供了一个用于判断字符串是否为合法标识符的方法isidentifier(),如果字符串是有效的标识符,则返回True;否则返回False。下面是该方法的示例:

```
>>> s1 = "9hiou"
>>> s1.isidentifier()
False                    # 非法标识符,返回结果为 False
>>> s2 = "str_01"
>>> s2.isidentifier()
True                     # 合法标识符,返回结果为 True
```

标识符的命名要遵循一定的规范,规范的标识符命名能增加程序的可读性。PEP8 是 Python 的官方文档中提供的代码规范,对于缩进以及标识符的命名约定都做了较为详细的说明。图 2-1 是 Python 官网上给出的 PEP8 Python 编码规范。

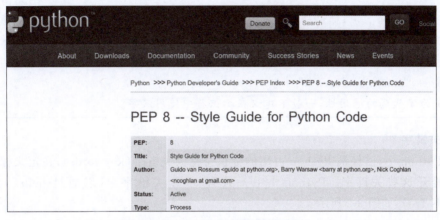

图 2-1 PEP8 Python 编码规范

对于 Python 命名规范,网上可以找到很多,比如谷歌 Python 编码规范(https://google.github.io/styleguide/pyguide.html)、Guido 推荐的命名规范等,基本要求都差不多,核心要点都是要规范代码的命名与书写。表 2-1 给出了常用的 Python 代码规范。

表 2-1 Python 代码规范

类 别	公有(public)	保护或私有(internal)
模块(modules)	my_module_1	保护:_my_module_1
包(packages)	my_package_1	保护:_my_package_1
类(classes)	myClass	保护:_MyClass
函数(functions)	my_function_one()	
方法名(method names)	my_class_method()	保护:_my_class_method() 私有:__my_class_method()
全局常量(global constants)	MY_GLOBAL_VARIABLE	保护:_MY_GLOBAL_VARIABLE
全局变量(global variables)	my_global_variable	保护:_my_global_variable
局部变量(local variables)	my_local_variable	
实例变量(instance variables)	my_instance_variable	保护:_my_instance_variable 私有:__my_instance_variable
异常(exceptions)	MyExceptionOne	

一般来说,标识符的命名需要注意以下几点:

(1) 见名知意:起一个有意义的名字,尽量做到一看就可以知道标识符是什么意思,从而提高代码的可读性。

(2) 尽量避免单字母命名,但在一些计数器与函数中除外。

(3) 常量命名应全部使用大写字母,单词之间可以用下画线连接。

(4) 整个程序中应采用一致的命名规则。

 知识拓展:标识符

(1) Python 语言中,标识符可以以下画线开头,但通常有特殊含义,如在后续章节要讲的私有属性、私有成员等。除非特定场景需要,应避免使用以下画线开头的标识符。

(2) Python 允许使用汉字作为标识符,例如:

百度 = "www.baidu.com"

但是为了代码的通用性,一般不建议在标识符中使用汉字。

2. 关键字

在 Python 中,已经被 Python 占用的标识符称为关键字(keywords),在定义标识符时要注意避开这些关键字。Python 3 中一共有 35 个关键字,可以通过 help() 命令的 keywords 查看,如图 2-2 所示。

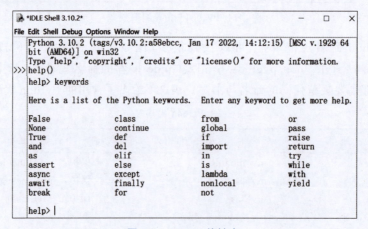

图 2-2　Python 关键字

Python 中定义的保留字都是 Python 语言中基本的语法或运算关键字,以及 True、False 和 None 3 个常量,这 3 个关键字首字母大写,其他关键字全是小写。由于 Python 大小写敏感,所以如果定义的标识符的大小写与图 2-2 中列出的 35 个关键字不同,语法上就没有问题,但是建议不要这样使用。

Python 中的每个关键字都代表不同的含义。如果想查看关键字的信息,可以输入 help() 命令进入帮助系统查看。示例代码如下:

```
>>> help()                  # 进入帮助系统
help> keywords              # 查看所有的关键字列表
help> return                # 查看 return 这个关键字的说明
help> quit                  # 退出帮助系统
```

2.2.2 常量

常量(constant)是程序运行期间不能改变的数据,一般在程序中用得较少,如 π、数据端口等。常量的值一般是默认的,在程序运行期间一般不会发生改变。在 Python 代码规范中,通常将常量标识符用全部大写表示。示例如下:

```
PI = 3.14159265
HOSTS = "www.baidu.com"
```

PEP 8 定义了常量的命名规范为由大写字母和下画线组成。在实际项目中,常量首次赋值后,在后续的其他代码中也可以对其进行修改或删除。

2.2.3 字面值

在 Python 中,字面值(literals)用于表示一些内置类型的常量值,比如整数字面值、字符串字面值等。实际上,字面值是指在程序中无须变量保存,可直接表示为一个具体的数字或字符串的值。比如在表达式 x + 1 中,1 就是一个字面值,它本身是一个具体的数值。程序中可以直接使用字面值。这与下面要讲的变量要区别开来,变量具有存储空间,可以用来保存字面值,且变量中保存的字面值可以变化。

2.2.4 变量

视频讲解

在计算机语言中,程序在运行期间用到的数据或产生的运算结果需要存储在内存单元中,为了便于存取数据,Python 将标识符与内存单元建立联系,标识内存单元名称的标识符便称为变量,内存单元存取的数据就是变量的取值。变量借助于变量名,便可以与内存的数据建立对应关系。每个变量都有特定的数据类型。

1. 变量的赋值

在 Python 中,赋值运算符是=,具体格式如下:

```
变量名 = 表达式
```

变量名是合法的标识符,= 右边是一个表达式,表达式是由运算符和操作数组成的式子,Python 解释器会将表达式的运算结果赋值给变量名。下面定义了 name 和 age 两个变量,并为其赋值,代码如下:

```
>>> name = "张三"
>>> age = 18 + 2
```

Python 中的变量不需要事先声明,变量的赋值就是变量声明和定义的过程。变量的类型取决于所赋值的类型,不需要提前声明变量的类型,这是与 C、VB、C♯ 等语言最大的区别。比如上面例子中,name 赋值了一个字符串,其类型就是 str;而 age 赋值的是一个整型数,其类型就是 int。Python 的数据类型将在第 3 章进行详细讲解。

每个变量在使用前都必须赋值,变量赋值后该变量才会被创建,没有赋值的变量不能直接使用。变量是一种对象,具有对象所具有的 id、type 和 value 属性。

2. 多个变量的赋值

Python 允许同时为多个变量赋值。例如:

```
>>> a = b = c = 100
```

该示例创建了一个整型对象,值为 100,a、b、c 三个变量被分配到相同的内存空间上,都指向同一个内存单元。此时 a、b、c 三个变量的三个属性(id、type 和 value)也相同,代码如下:

```
>>> a = b = c = 100
>>> a; b; c
100
100
100
>>> id(a); id(b); id(c)
2083696741712
2083696741712
2083696741712
>>> type(a); type(b); type(c)
<class 'int'>
<class 'int'>
<class 'int'>
```

也可以在一条语句中为多个变量分别赋值不同的对象。例如:

```
>>> a, b, c = 1, "Hello!", "True"
```

以上示例中,创建了 a、b、c 三个对象并分别进行赋值,结果 a 为整型变量,初值为 1;b 为字符串类型变量,值为 Hello!;c 为布尔类型变量,值为 True。

3. 变量的删除

创建的变量可以使用 del 语句删除,删除后的变量无法引用。代码如下:

```
>>> age = 100
>>> del age
>>> print(age)
Traceback (most recent call last):
    File "<stdin>", line 1, in <module>
NameError: name 'age' is not defined
>>>
```

2.2.5 运算符

程序语言中总是会遇到各种各样的运算问题。运算符就是进行各种运算所用到的符号,比如前面的例子中用到的加法符号(+),而"18+2"就是一个运算表达式。

Python 语言支持的运算符种类比较多,涵盖 Python 语言的所有数据类型及应用场景,也是学习 Python 编程的基础。下面进行分类简单介绍。

1. 算术运算符

算术运算符是数学里面的基础知识。一说到算术运算符,首先就会想到加、减、乘、除四则运算,这里重点介绍 Python 中用来表示这些运算的符号。表 2-2 给出了 Python 中的算术运算符及其用法,其中 a=5,b=2。

视频讲解

表 2-2 算术运算符

算术运算符	说明	示例
+	加:使两个操作数相加,获取操作数的和	a+b,结果为 7
-	减:使两个操作数相减,获取操作数的差	a-b,结果为 3
*	乘:使两个操作数相乘,获取操作数的积	a*b,结果为 10
/	除:使两个操作数相除,获取操作数的商	a/b,结果为 2.5
%	取余:使两个操作数相除,获取余数	a%b,结果为 1
**	幂:使两个操作数进行幂运算,获取 a 的 b 次幂	a**b,结果为 25
//	整除:使两个操作数相除,获取商的整数部分	a//b,结果为 2

算术运算符操作相对简单,下面是算术运算符的示例代码:

```
>>> 10/4              # 除
2.5
>>> 10//4             # 整除,取商的整数部分
2
>>> 10 % 6            # 取余,取余数部分
4
>>> 2 + 1.2           # 整数与浮点数运算,结果为浮点数
3.2
```

由上面的计算可以看出,10÷4 结果为 2.5,也就是说两个整数相除结果为浮点数;同样 2+1.2 的结果为浮点数。这与 C 语言有所不同,C 语言具有较为严格的数据类型规定。

2. 逻辑运算符

逻辑运算通常用来测试真假值,只有与(and)、或(or)、非(not)三种运算。在 Python 中,False、None、任何数值类型中的 0、空字符串("")、空元组()、空列表[]、空字典{}等都被当作 False,其他非 False 的对象均为 True。

逻辑运算表达式中可能存在多个表达式,其运算规则如表 2-3 所示,其中假设 a=10,b=5,c=0,x="",f=False。

视频讲解

表 2-3　逻辑运算符

运算符	名称	说明	示例
and	逻辑与	1. and 是在布尔上下文中从左到右计算表达式的值； 2. 如果布尔上下文中的某个值为假，则返回第一个假值； 3. 所有值都为真，则返回最后一个真值	a and b 结果为 5 a and x 结果为 "" f and a 结果为 False
or	逻辑或	1. or 是在布尔上下文中从左到右计算表达式的值； 2. 如果布尔上下文中的某个值为真，则返回第一个真值； 3. 所有值都为假，则返回最后一个假值	a or b 结果为 10 c or x 结果为 "" x or c 结果为 0
not	逻辑非	1. not 是在布尔上下文中从左到右计算表达式的值； 2. 如果布尔上下文中的某个值为真，则返回 False； 3. 如果布尔上下文中的某个值为假，则返回该 True	not a 结果为 False not b 结果为 False not c 结果为 True not f 结果为 True

3. 比较运算符

比较运算符也称作关系运算符，用于比较两个表达式的大小关系，其结果为布尔型，即要么为真(True)，要么为假(False)。比较运算是看表达式的成立关系，逻辑成立结果就是 True，逻辑不成立结果就是 False。

比较运算符及其说明如表 2-4 所示。其中，x=5，y=1。

表 2-4　比较运算符

运算符	名称	说明	示例
==	等于	比较两个操作数是否相等，相等则返回 True	x==y，返回 False
!＝	不等于	比较两个操作数是否不相等，不相等则返回 True	x!＝y，返回 True
>	大于	a>b，如果 a 大于 b 则返回 True，否则返回 False	x>y，返回 True
<	小于	a<b，如果 a 小于 b 则返回 True，否则返回 False	x<y，返回 False
>＝	大于或等于	a>＝b，a 大于或等于 b 则返回 True，否则返回 False	x>＝y，返回 True
<＝	小于或等于	a<＝b，a 小于或等于 b 则返回 True，否则返回 False	x<＝y，返回 False

比较运算也相对简单，下面是比较运算符的示例代码：

```
>>> a = 5;b = 2
>>> a > b              # 大于
True
>>> a < b              # 小于
False
```

 知识拓展：链式比较法

当表达式中出现多个比较运算符进行连续比较运算时，Python 采用链式比较法进行运算，依次进行比较，直到最后。

【例 2-1】 已知 a＝3,b＝0,c＝5,则表达式 a＜b!＝b＜＝c 的值为多少？

题目分析：本例中出现了 3 个比较运算符的连续比较运算,大家很自然地会想到运算符的优先级。运算符!＝、＜、＜＝都属于比较运算符,具有相同的优先级,因此,应按照如下方式计算,最后结果为 True。

```
>>> a = 3;b = 0;c = 5
>>> a < b
False
>>> False != b
False
>>> False <= c
True
```

但是,将这个表达式输入 Python 中运行后,发现结果其实为 False,如下所示：

```
>>> a = 3;b = 0;c = 5
>>> a < b!= b <= c
False
```

例 2-1 中涉及 Python 连续比较的运算方式,此时,可以将给定的逻辑表达式拆分为多个只有 1 个比较操作符的逻辑表达式,对这些表达式再进行"逻辑与"操作。这样,例中的表达式可以转换如下,根据每个单比较操作符式子的逻辑结果,就可以分析出结果了。代码如下：

```
>>> a = 3;b = 0;c = 5
>>> (a < b) and (b != b) and (b <= c)      # a < b != b <= c 进行等价转换
False
```

4. 按位运算符

按位运算的操作数必须为整数型,按照二进制逐位进行运算。按位运算规则有按位与、按位或、按位取反、按位异或、按位左移、按位右移等。按位运算符如表 2-5 所示。

表 2-5 按位运算符

运算符	名称	说明	示例
≪	按位左移	x≪y,将 x 按位左移 y 位	x≪y
≫	按位右移	x≫y,将 x 按位右移 y 位	x≫y
&	按位与	x&y,x 与 y 按位进行逻辑与	x&y
|	按位或	x|y,x 与 y 按位进行逻辑或	x|y
^	按位异或	x^y,x 与 y 按位进行逻辑异或	x^y
~	按位取反	~y,将 y 按位取反	~y

视频讲解

要实现按位运算,首先需要将操作数转换为二进制数,按位进行对应操作。比如,100≪2,就要先把 100 转换成二进制数。由于 Python 整数为无限精度数据,100 对应的二进制数为

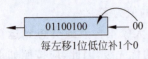

图 2-3　左移操作示意图

01100100，左移两位相当于在右边补充两个 0，最左边数据位不会被移出，最终得到了如图 2-3 所示的框内的数据，即 100≪2 的结果为 0110010000，即 400，左移 1 位相当于数据乘以 2，左移两位相当于数据乘以 4。

其他按位逻辑运算类似，都要转换成二进制数进行按位逻辑运算。下面是一些按位操作的示例：

```
>>> a = 100;b = 20
>>> a & b            # 按位与
4
>>> a | b            # 按位或
116
>>> ~b               # 按位取反
-21
```

需要注意的是，上述示例中的最后一个，~b 操作的最后结果为 -21。整数 20 对应二进制数为 10100，其按位取反应该是 01011，即结果应该是 11 才对，为什么是 -21 呢？原因是在计算机系统中，数值一律用补码表示和存储。按位取反操作实际上要经过几个步骤，求给出数据的补码，对所有位取反，再把最高位（符号位）不变其他位取反再加 1，就会得到 -21。此处的按位取反操作，其实可以简化成等于 -(b+1)。

5. 赋值运算符

Python 和大部分语言一样，用 = 表示赋值，表示将一个表达式或对象赋值给左边的变量，比如 a=1。赋值运算符可以和算术运算符相结合，形成一个复合运算符，执行算术运算并将运算结果赋值给变量。

复合赋值运算符如表 2-6 所示，其中，data 表示参与算术运算的变量。

表 2-6　复合赋值运算符

复合赋值运算符	说　明	示　例
+=	变量增加指定数值后赋值给原变量	data+=3 等价于 data=data+3
-=	变量减去指定数值后赋值给原变量	data-=3 等价于 data=data-3
*=	变量乘以指定数值后赋值给原变量	data*=3 等价于 data=data*3
/=	变量除以指定数值后赋值给原变量	data/=3 等价于 data=data/3
//=	变量整除指定数值后赋值给原变量	data//=3 等价于 data=data//3
%=	变量进行取余操作后赋值给原变量	data%=3 等价于 data=data%3
**=	变量执行乘方运算后赋值给原变量	data**=3 等价于 data=data**3

从 Python 3.8 开始，新增了海象运算符"：="，可在表达式内部为变量赋值，因看起来犹如一个旋转 90°的海象而得名。海象运算符的主要应用是在表达式内部赋值，主要是给在 if、while、列表推导式等结构中的表达式的变量赋值时使用，可以降低程序复杂性，简化代码。

海象运算符的用法示例如下：

```
>>> str = "3.14159265"
>>> if (data := float(str)) > 0:          # 使用海象运算符为 data 赋值
...     print(data)
...
3.14159265                                 # 运算结果
>>>
```

💡 **注意事项：海象运算符**

（1）海象运算符需要在表达式内部使用，不能与赋值运算符（=）混淆，使用海象运算符直接为变量赋值会产生语法错误，比如：

```
>>> a := 1
  File "<stdin>", line 1
    a := 1
      ^^
SyntaxError: invalid syntax
```

（2）Python 允许使用海象运算符在表达式中进行简单的赋值操作，但编程中使用较少，注意区分与赋值运算符的差异。

6. 成员运算符

成员运算符有两个：in 和 not in，用于测试一个对象中是否包含某一个元素，结果返回 True 或 False。

示例代码如下：

视频讲解

```
>>> str1 = "I love learning Python!"
>>> "Python" in str1                # "Python"在 str1 中
True
>>> "Java" not in str1              # str1 中不包含"Java"
True
```

7. 同一性测试运算符

同一性测试运算符有两个：is 和 is not，用于判断两个对象是否相同，即是否具有相同的身份标识，也就是判断 id 是否相同。id 是 Python 中对象的三个基本特征之一，代表对象的身份标志。

下面是同一性测试运算符的示例代码：

视频讲解

```
>>> a = 3;b = 3
>>> a is b
True
>>> id(a);id(b)                     # 二者 id 相同
2189263110448
2189263110448
>>> list1 = list2 = [1,2]
```

```
>>> list3 = [1,2]
>>> list1 is list2                  # 二者 id 相同
True
>>> list1 is list3                  # 二者 id 不相同
False
>>> id(list1);id(list2);id(list3)
2189264453376
2189264453376
2189264498624
```

is 及 is not 测试两个对象是否相同的依据是其 id 值,id 值相同则返回 True;否则返回 False。

要注意将 is 与==相区别,==表示相等,比如 a=2;b=2,那么 a==b 返回 True,主要是由于 a 和 b 的取值都是 2,因此,==运算符比较的是两个对象的值是否相等。

下面是几个示例代码:

```
>>> list1 = list2 = [1,2]
>>> list3 = [1,2]
>>> list1 ==  list3                 # 二者值相同,返回 True
True
```

8. 运算符的优先级

Python 运算符的优先级,主要是确定当多个运算符同时出现在一个表达式中时,运算符执行的先后顺序。一般先乘除后加减,但是 Python 支持几十种运算符,运算符的优先级容易混淆,所以将运算符划分成许多优先级级别,有的运算符优先级不同,有的运算符优先级相同,如表 2-7 所示。

表 2-7 运算符的优先级(从高到低排列)

运算符	描述
**	幂运算符优先级最高
*、/、%、//	乘、除、取余、整除优先级相同
+、-	加法、减法优先级相同
>>、<<	按位右移、按位左移优先级相同
&	按位与
^、|	按位异或、按位或优先级相同
<,<=,>,>=,!=,==	比较运算符优先级相同
in、not in	成员运算符优先级相同
not、and、or	逻辑运算符优先级相同
=	赋值运算符优先级最低

2.3　Python的程序结构

计算机程序中主要有3种程序结构,分别为顺序、分支和循环。Python程序也一样,通过一些特定的流程控制语句实现程序的分支、循环等结构。

2.3.1　顺序结构

顺序结构的程序是最简单的,只要按照解决问题的顺序写出相应的语句就行,它的执行顺序是自上而下,依次执行,不需要专门的流程控制语句。

顺序结构示例代码如下:

```
>>> a = 1
>>> b = 2
>>> print(a + b)
3
```

2.3.2　分支结构

如果说顺序结构是一条路走到底,那么分支结构就会有多条路供选择。分支结构根据分支的条数可以分为单分支结构、双分支结构和多分支结构。分支结构里面也可以套用其他分支结构,就构成了分支结构的嵌套。

1. 单分支结构

由 if 语句可以构成单分支结构,也是最简单的一种分支形式。单分支结构的程序流程图如图 2-4 所示,当条件表达式为真时,表示条件满足,代码块将被执行,否则将跳过这一代码块继续执行后面的语句。

【例 2-2】　判断当前股票的价格(price)是否小于 20,如果小于 20,则显示信息"股票价格低于目标位,建议买入",flag 标志设为 True。

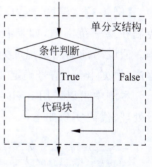

图 2-4　单分支结构

本例中就可以采用单分支结构完成,条件是 price<20,代码块包含两条语句,代码实现如下:

```
# Example2.1 单分支结构
price = 19.8
if(price < 20):
    print("股票价格低于目标位,建议买入")
    flag = True
```

运行代码,执行结果如下,说明程序执行了 if 下面的代码块。

股票价格低于目标位,建议买入

> **注意事项**:单分支结构
> (1) if 后面的表达式为条件表达式,条件为真时,if 下面的语句块才会被执行。
> (2) if 后面的条件表达式可以用小括号括起来,也可以不加小括号。
> (3) if 语句后面需要加":",表示条件语句的结束。

2. 双分支结构

双分支结构可以实现某一条件满足的时候干什么,不满足的时候干什么,采用 if-else 语句实现,其程序流程图如图 2-5 所示。

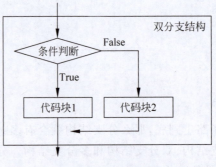

图 2-5 双分支结构

【例 2-3】 温度、压力、流量等是工业生产中的重要参数。许多工业场景中需要将温度控制在某一范围内,如果温度超过设定的报警值,就要启动报警信号并执行一定的控制动作。假设当前的测量温度为 temp,温度上限为 temp_high,报警信号为 alarm_flag,试编写程序,根据 temp 信号确定 alarm_flag 信号的输出。

本例中可以采用 if-else 双分支结构,温度超限报警和温度正常分别在两个代码块中进行处理,代码实现如下:

```
#Example2.2 双分支结构
temp = float(input("请输入当前的温度值:"))
temp_high = 99
if temp <= temp_high:
    print("温度正常")
    alarm_flag = False
else:
    print("温度过高,超温报警!")
    alarm_flag = True
```

几乎每种开发语言都有 if-else 语句结构,用法基本类似。需要注意的是,在 Python 语言中 if 和 else 语句结尾都有":",不要遗漏。

3. 多分支结构

如果需要判断的情况大于两种，if 和 if-else 语句就很难实现。Python 提供了 if-elif 判断语句，可以很方便地完成多种条件的判断，代码结构的格式可以表示为：

```
if 判断条件 1:
    代码块 1
elif 判断条件 2:
    代码块 2
…
elif 判断条件 n:
    代码块 n
```

多分支结构需要对每一个条件进行判断，当某个条件满足时就会执行该条件所对应的语句块，如果有一个条件被执行，则其他条件都不会被执行；如果条件都不满足，则所有语句块都不会被执行，其程序流程图如图 2-6 所示。

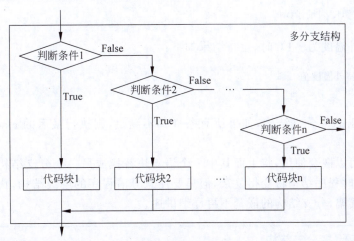

图 2-6　多分支条件

【例 2-4】　分段温度控制也是一种常用的温度控制方法。比如，供暖设备的控制通常根据室外温度的高低确定循环泵的运行速度，可以将室外温度划定为几个区间，在不同的温度区间循环泵的运行速度不同，同一温度区间循环泵运行速度不变，当室外温度高于某一数值时，循环泵低速运行。

本例中可以采用 if-else 双分支结构。假设室外温度为 temp_out，循环泵设定值 pump_set 的变化范围为 0~100。假设 temp_out<-10 时，pump_set=100；-10=<temp_out<-5 时，pump_set=80；-5=<temp_out<0 时，pump_set=60；0=<temp_out<5 时，pump_set=40；temp_out>=5 时，pump_set=20。本例中有 5 个条件判断语句，可以使用 if-elif-else 结构实现。

程序参考代码如下：

```
# Example 2.3 多分支结构
temp_out = float(input("请输入当前室外温度值:"))
pump_set = 0
if temp_out < -10:
    pump_set = 100
    print("循环泵输出 100%")
elif -10 <= temp_out < -5:
    pump_set = 80
    print("循环泵输出 80%")
elif -5 <= temp_out < 0:
    pump_set = 60
    print("循环泵输出 60%")
elif 0 <= temp_out < 5:
    pump_set = 40
    print("循环泵输出 40%")
elif temp_out >= 5:
    pump_set = 20
    print("循环泵低速运行,输出 20%")
else:
    print("温度测量错误!")
```

当输入室外温度为-1℃时,运行结果如下:

```
请输入当前室外温度值:-1
循环泵输出 60%
```

本例中给出的多分支结构,如果所有条件都不满足,则执行最后的 else 语句,构成 if-elif-else 结构。

分支程序可以嵌套使用,将上面其中一个语句块替换成另一个分支结构就构成了分支程序的嵌套,此时程序结构将变得复杂,但只要注意分清程序的层级结构,代码实现仍会比较简单。限于篇幅,分支结构的嵌套不再详细讲述。

> **注意事项:多分支结构**
>
> (1) if 语句包含零个或多个 elif 子句及可选的 else 子句。关键字 elif 是 else if 的缩写,适用于避免过多的缩进。
>
> (2) 多分支结构的判断顺序是从上往下依次判断,所以书写条件时需要注意条件出现的先后顺序。
>
> (3) if-elif 分支结构类似于其他程序语言中的 switch 或 case 语句。
>
> (4) 如果要把一个值与多个常量进行比较,或者检查特定类型或属性,可以使用 switch 语句。

2.3.3 循环结构

循环就是要重复某一件事情,直到满足条件为止。现实生活中有很多循环的场景,例如红绿灯交替变化,生产线上的重复劳动,扑克牌的发牌过程等。循环在编程语言中可以使用循环语句实现。

Python 中的循环结构主要有 while 和 for 两种,二者都可以实现循环功能,但是在使用上存在区别。循环中常用的还有 range()函数、break 语句、continue 语句和 else 语句。

1. while 循环

while 循环的基本格式如下:

```
while 条件表达式:
    循环语句
```

视频讲解

当条件满足(条件表达式为真)时,程序执行循环语句;如果条件不满足,则退出循环。while 循环需要先进行条件表达式判断,循环语句有可能一次都不执行。

再看一下计算斐波那契数的例子,while 循环只要条件(本例中 a<10)保持为真就会一直执行下面的语句块。Python 和 C 语言一样,任何非零整数都看成是真,零为假,对于字符串或其他数据类型也是如此。本例中的比较操作符判断与 C 语言语法一样,比较的结果是真或假。示例代码如下:

```
#Example2.4 斐波那契数
a, b = 0, 1
while a < 10:
    print(a, end = ' ')
    a, b = b, a+b
```

需要注意的是,在 while 循环中,需要注意冒号和缩进。利用 while 循环很容易设计一个无限循环,只要条件表达式永远为真就可以,此时需要使用组合键 Ctrl+C 中断循环。

【例 2-5】 利用 while 循环,计算 1~100 的偶数和。

代码如下:

```
#Example2.5 while 循环示例
i = 1
sum = 0
while i < 101:                # i 从 1 变化到 100
    if i % 2 == 0:            # 判断 i 是否为偶数
        sum += i
    i += 1
print("1~100 的偶数和为:%s" % sum)
```

程序运行结果如下:

```
1-100 的偶数和为:2550
```

【练习 2-1】 使用 while 循环,打印如下三角形图案:

```
*
* *
* * *
* * * *
* * * * *
```

2. for 循环

与 C 语言或 Pascal 语言不同，Python 的 for 循环可以遍历任何序列中的元素，比如字符串、列表、元组等数据类型，元素的迭代顺序与在序列中出现的顺序一致。这点与 C 语言中的 for 循环有很大的区别，C 语言中的 for 循环需要用户定义循环以及退出的条件，而 Python 语言中的 for 循环不需要。

for 循环的基本格式如下：

```
for 变量 in 序列:
    循环语句
```

假设将字符串 "Python" 中的每个字母单独显示出来，中间用 "," 分隔，使用 for 循环实现该字符串循环遍历的示例代码如下：

```
#Example2.6 for 循环示例
for letter in "Python":
    print(letter,end = ',')
```

执行代码，运行结果如下：

```
P,y,t,h,o,n,
```

该程序中，letter 是一个临时变量，用于存取字符串 "Python" 中的元素。每次遍历，letter 被赋值字符串的一个元素并打印显示出来，直到所有元素被遍历完成为止。

3. range() 函数

内置函数 range() 用于生成一个数字序列(sequence)，常用于遍历数字序列。range() 函数经常与 for 循环配合使用，完成一个数字序列的遍历。示例代码如下：

```
#Example2.7 range()函数示例
for i in range(5):
    print(i,end = ",")
```

上述示例中，for 循环将 range() 函数定义的数字序列逐个显示，结果如下：

```
0,1,2,3,4,
```

range() 函数的语法如下：

```
range(start, stop[, step])
```

其中，start 是数字序列的开始，默认从 0 开始；stop 是数字序列的结束，例如 range(5) 等价于 range(0,5)，产生 0~5 的数字序列，但不包括 5，是一个左闭右开的区间，得到的数据为 0,1,2,3,4；step 是步长，默认为 1，表示从 start 开始，每隔 step 取一个数，直到 stop 为止。示例代码如下：

```
>>> range(5)                    # 默认是 range 类型
range(0, 5)
>>> list(range(5))              # 转换成列表
[0, 1, 2, 3, 4]
>>> list(range(1,10))           # start = 1,不包括 10
[1, 2, 3, 4, 5, 6, 7, 8, 9]
>>> list(range(1,10,2))         # step = 2,每间隔 2 个数字取一个数
[1, 3, 5, 7, 9]
```

range()函数其实是一种 range 类型的对象,如果只是输入 range(10),返回的将是 range(0,10),如下所示:

```
>>> range(10)
range(0, 10)
>>> type(range(10))
<class 'range'>
```

【练习 2-2】 使用 range()函数和 for 循环,实现【练习 2-1】中的三角形图案打印。

4. break、continue 及 else 语句

视频讲解

Python 3 中,break、continue 及 else 语句可以在循环结构中使用。

1) break 语句

break 语句和 C 语言中的类似,用于跳出最近的 for 循环或 while 循环。例如,在下面的代码中增加了一个 break 语句,代码如下:

```
#Example2.8 for 循环 break 语句示例
for i in range(5):
    print(i,end = ",")
    if(i == 2):
        break
```

该程序执行的结果如下,执行到 i 为 2 时退出了循环:

```
0,1,2,
```

break 语句用于退出循环。下面的例子完成的是用户账号与密码的输入,输入错误超过 3 次则退出,代码如下:

```
#Example2.9 while 循环 break 语句示例
count = 0
while True:
    username = input("请输入用户名: ")
    password = input("请输入密码: ")
    if username == "user" and password == "111":
        print("欢迎回来!")
        break
```

```
    else:
        count = count + 1
        print("用户名或密码不正确,请重新输入!")
        if count > 2:
            print("输入错误超过 3 次,将冻结用户登录!")
            break
```

其中,input()是 Python 的内置函数,执行该函数会返回一个文本数据,执行到 input() 函数时程序会停下来等待用户输入,按 Enter 键表示结束输入,并反馈输入的字符串。

2) continue 语句

continue 语句用来结束本次循环,紧接着执行下一次的循环。该功能与 C 语言类似。接下来通过一个案例演示 continue 语句的使用,如下所示:

```
#Example2.10 continue 语句示例
for num in range(1, 4):
    if num % 2 == 0:
        print(num,"是偶数.")
        continue
    print(num,"是奇数.")
```

当 if 语句判断出一个数是偶数,print 语句将显示该数为偶数,程序的执行结果如下:

```
1 是奇数.
2 是偶数.
3 是奇数.
```

3) else 语句

前面在学习 if 语句时,else 语句可以与 if 语句结合使用。在 Python 中,for 和 while 循环语句都支持 else 语句,可以在循环的最后增加 else 语句。在循环结构中使用时,else 语句只在循环完成后执行。对于 for 循环来说,可迭代对象中的元素全部循环完毕之后才会执行 else 语句;对于 while 循环来说,则需要等到循环的条件为假时执行 else 语句。

如果循环里面有 break 语句,由于 break 语句表示终止循环,所以会跳过 else 语句块。

下面的程序完成查找 2~9 之间的素数,程序采用循环结构,针对每个数字,都将其除以小于它的数,如果能整除,则说明该数据不是素数,打印出该式子并退出该循环,再判断下一个数据,代码如下:

```
#Example2.11 循环结构中使用 else 语句示例
for n in range(2, 10):
    for x in range(2, n):
        if n % x == 0:
            print(n, 'equals', x, '*', n//x)
            break
    else:
```

```
    # loop fell through without finding a factor
    print(n, 'is a prime number')
```

执行结果如下：

```
2 is a prime number
3 is a prime number
4 equals 2 * 2
5 is a prime number
6 equals 2 * 3
7 is a prime number
8 equals 2 * 4
9 equals 3 * 3
```

2.3.4 常用结构语句

1. match-case 语句

视频讲解

match-case 语句表示模式匹配，属于 Python 3.10 新增的一项功能，用于把一个值与多个常量进行比较，或者检查特定类型或属性，类似于 C 语言或 Java 语言中的 switch 语句。

先看如下代码：

```
#Example2.12 match-case 语句示例
def http_error(status):
    match status:
        case 400:
            return "Bad request"
        case 404:
            return "Not found"
        case 418:
            return "I'm a teapot"
        case _:
            return "Something's wrong with the internet"
print(http_error(404))
```

代码中定义了一个函数 http_error(status)，参数 status 分别取值 400、404、418 时返回对应的提示信息，最后 case 语句中的"_"被用作通配符，上述情况都没有匹配成功时，执行该项分支。

case 分支后面的条件可以使用"|"符号表示"或"关系，比如下面的语句中，当 status 的取值 401、403 或 404 的其中一个满足，就会返回"Not allowed"。代码如下：

```
case 401 | 403 | 404:
    return "Not allowed"
```

模式匹配大大增加了控制流的清晰度和表达能力，可以方便地实现分支匹配，简化代码编写。后面数据类型的讲解中还会用到 match-case 语句，将进一步讲解其强大的功能。

2. pass 语句

Python 中的 pass 语句是空语句,它的出现是为了保持程序结构完整性。pass 语句不做任何事情,一般用作占位语句,其示例如下:

```
# Example2.13 pass 语句示例
while True:
    pass                    # 按 Ctrl+C 组合键可以退出
```

pass 语句可以用作类、函数或条件子句的占位符,让开发者聚焦更抽象的层次,此时,Python 解释器会直接忽略 pass 语句。

设计实践

1. 数值统计

已知有 x、y 和 z 三个数据,编写程序找出这三个数据中的最大值、最小值和平均值,并输出结果。

2. 质数判断

质数又被称为素数,是指一个大于 1 的自然数,除了能被 1 和它自身整除外,不能被其他自然数整除。质数在数学上有很多用途。请编写程序,判断一个数是否为质数,并打印输出结果。

3. 设计练习

自然常数 e 是数学中一个重要常数,是一个无限不循环小数,其值是 2.71828…。自然常数 e 的定义为 $e=\lim\limits_{n\to\infty}\left(1+\dfrac{1}{n}\right)^n$,通过二项式展开,可以计算 e 的近似值:

$$e = 1 + 1 + \frac{1}{2!} + \frac{1}{3!} + \frac{1}{4!} + \cdots + \frac{1}{n!}$$

其中,n 越大,越接近真值。

请编写程序,根据输入 $n(n \geq 2)$ 计算 e 的近似值,计算结果的示例输出如下:

```
n=2 时,e=2.5
```

本章小结

本章主要介绍了 Python 的基础语法知识,包括 Python 中对象的定义和使用,标识符的规则、关键字和保留字、变量的定义和使用,特别是各种运算符的使用及优先级,重点介绍了 Python 中的两种重要的程序结构:分支结构和循环结构。本章内容属于 Python 的语法基础,整体上简单易学,便于掌握,特别是教材中的实例和设计实践中的经典例题,可以加深大家对相关知识点的理解。

本章习题

一、填空题

1. Python 的所有对象都有三个基本特性：_____、_____ 和 _____。
2. 标识内存单元名称的标识符称为_____，内存单元存取的数据就是变量的取值。
3. 创建的变量可以使用内建_____删除，删除后的变量无法引用。
4. _____实现按二进制位的数据运算，操作数必须为整数，按照二进制进行运算。
5. 要实现按位运算，首先需要将操作数转换为_____，按位进行对应操作。
6. 同一性测试运算符有两个：is 和 is not，用于判断两个对象是否相同，即是否具有相同的_____。
7. _____语句和 C 语言中的类似，用于跳出最近的 for 或 while 循环。
8. _____语句用于结束本次循环，紧接着执行下一次循环。
9. Python 中的_____语句可以遍历任何序列中的元素，元素的迭代顺序与在序列中出现的顺序一致。
10. _____语句用于结束整个循环，即结束当前循环体。

二、选择题

1. 下列选项中，符合 Python 命名规范的标识符是( )。
   A. _value B. else C. hello-world D. in#1
2. 下列选项中，不合法的 Python 标识符是( )。
   A. __data__ B. __data C. first_data_1 D. data-1
3. 下列关于变量的说法不正确的是( )。
   A. Python 中的变量不需要声明
   B. Python 允许同时为多个变量赋值
   C. Python 中的变量不需要声明，没有赋值的变量可以直接使用
   D. 变量是一种对象，具有对象的 id、type 和 value 属性
4. 下述语句中同时创建了三个变量，下列说法错误的是( )。

   a = b = c = "hello"

   A. 变量 a、b 和 c 的数据类型都相同
   B. 变量 a、b 和 c 具有相同的 id 属性
   C. 变量 a、b 和 c 具有相同的取值
   D. 对变量 c 重新赋值，变量 a 和变量 b 的取值会跟着改变
5. 下列符号中，表示 Python 中单行注释的是( )。
   A. # B. //
   C. <! ------> D. ""
6. 下列表达式中，返回 False 的是( )。
   A. a=3;b=2;a=b B. 'c'>'b'>'a'

C. True and False　　　　　　　　D. 3!=2

7. 已知 x=100,y=200,z=300,下列表达式返回 True 的是(　　)。
　　A. x>z　　　　B. y>x<z　　　　C. x & y>z　　　　D. x<y & z

8. 表达式'y'<'x'==False 的运算结果是(　　)。
　　A. True　　　　B. False　　　　C. None　　　　D. 语法错误

9. 下列语句中,用来占位的是(　　)。
　　A. break　　　　B. continue　　　　C. pass　　　　D. else

10. match-case 结构中的通配符是(　　)。
　　A. *　　　　B. ?　　　　C. _　　　　D. &

三、判断题

1. Python 的每个对象都有一个唯一的身份标识。(　　)
2. 针对一个对象,每次使用 id() 函数获得的身份标识都相同。(　　)
3. Python 中的标识符不能使用关键字。(　　)
4. 标识符可以以数字开头。(　　)
5. Python 使用 # 符号注释单行语句。(　　)
6. PEP 8 定义了常量的命名规范为大写字母和下画线组成。(　　)
7. Python 中使用变量的时候需要先声明变量的类型才可以使用。(　　)
8. is 与 == 都是比较对象是否相同,所以功能完全一样。(　　)
9. 只有 if 语句的判断条件为 False,程序才能执行后续的 elif 或 else 语句。(　　)
10. 如果循环里面有 break 语句时,break 语句是终止循环,但不会跳过循环后面的 else 语句块,依然会执行 else 语句。(　　)

四、简答题

1. 什么是标识符? 请简述 Python 中标识符的命名规则。
2. 简述 Python 中的 for 循环有什么特点,与其他语言中的 for 循环有何区别。
3. 简述 break 语句与 continue 语句的区别。
4. 简述 Python 中 pass 语句的作用。
5. 简述什么是字面值。
6. 简述 is 与 "==" 的区别。

五、编程题

1. 已知 a=1,b=2,c=3,编写简单程序实现 a、b、c 三者数值顺序互换,即互换后 b=1,c=2,a=3。
2. 利用 while 循环计算 1~100 的所有数字的和。
3. 利用 for 循环计算 1~100 的所有数字的和。
4. 利用 while 语句输出 1~100 的偶数。
5. 使用循环方法求解百钱买百鸡问题。假设公鸡 5 元一只,母鸡 3 元一只,小鸡 1 元三只,现有 100 元钱想买 100 只鸡,编程计算买鸡的方案,有多少种买法?

第 3 章　基本数据类型

CHAPTER 3

 章节导图

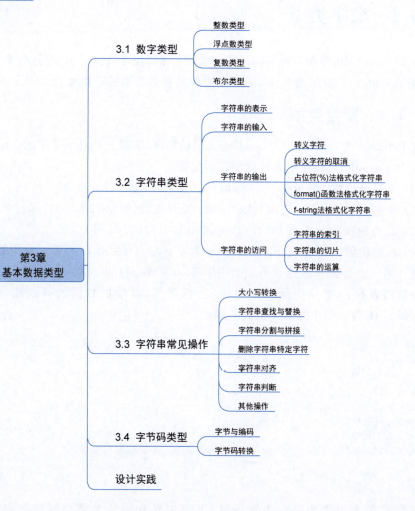

学习目标

(1) 熟悉 Python 数据类型的分类,掌握数字类型的分类及用法;
(2) 掌握字符串类型的定义、表示及输入和输出方法;
(3) 掌握字符串的转义字符及格式化方法;
(4) 掌握字符串的索引、切片等访问操作;
(5) 掌握基本数据类型之间的转换;
(6) 掌握字符串查找、替换、删除、分割、对齐等常见操作。

Python 中的数据类型较为丰富,简单来说可以分为基本数据类型和组合数据类型,基本数据类型有数字类型、字符串类型及字节串类型等,组合数据类型有列表、元组、集合、字典等。本章先学习基本数据类型的概念、操作及转换等,组合数据类型将在第 4 章进行讲解。

3.1 数字类型

在 Python 3 中,存在三种不同的数字类型:整数类型(integer)、浮点数类型(float)和复数类型(complex)。布尔类型(bool)可以看作是整数类型的子类型。

3.1.1 整数类型

视频讲解

在 Python 3 中,整数类型为 int,具有无限的精度,取消了 Python 2 中的 long 整数类型。
在 Python 中,可以使用多种进制表示整数:
(1) 十进制整数:如 100,-5 等,既可以是正数,也可以是负数。
(2) 十六进制数:十六进制数以 0x 或 0X 开头,比如 0x123,0x7F 等。
(3) 二进制数:以 0b 或 0B 开头,比如 0b1101,0B1101 等。
(4) 八进制数:以 0o 或 0O 开头,由于数字 0 与大写字母 O 外形十分相似,所以一定不要搞错。第一个是数字 0,建议第二个用字母 o,写成小写的字母 o 容易区分一些。

整数的表示中,数字中间可以增加_进行连接,以增加数据的可读性,比如 0b1101_1001,0x12_4E 等。以下是几个整数的例子:

```
>>> i = -5
>>> type(i)                # 类型为 int
<class 'int'>
>>> 0x123
291
>>> type(0x7F)
<class 'int'>
>>> 0b1101_0011            # 数字中间可以加_,不影响其数值
211
>>>
```

整数有很多与之相关的内置函数,下面主要介绍几个常用的整数内置函数,其中

bit_count()、to_bytes()、from_bytes()是 Python 3.10 新增的内置附加函数。整数内置附加函数较多,其他的可参考 Python 开发文档。

1. 进制转换函数

Python 提供了 int()、hex()、oct() 和 bin() 等内置的进制转换函数,分别用于十进制数、十六进制数、八进制数和二进制数的转换。Python 还有很多与整数相关的内置函数,下面进行简要介绍。

以下是利用这几个进制转换函数的例子:

```
# Example3.1 进制转换示例程序
a = 100
b = 0x65
print("b 转换为十进制为:", int(b))
print("a 转换为二进制为:", bin(a))
print("a 转换为八进制为:", oct(a))
print("a 转换为十六进制为:", hex(a))
```

执行结果如下:

```
b 转换为十进制为: 101
a 转换为二进制为: 0b1100100
a 转换为八进制为: 0o144
a 转换为十六进制为: 0x64
```

int()函数除了可以把一个其他进制的数转换成十进制数的功能外,还可以将字符串 x 转换成整数对象,或者在未给出参数时返回 0。其语法格式如下:

```
int(x, base = 10)
```

其中,x 是要转换的数据,base 是数据 x 的进制。int()函数可以把一个由十进制数或十六进制数表示的字符串转换成十进制数,如果括号里面是空的,没有参数,则返回 0。以下是使用 int()函数转换的几个例子:

```
>>> x = "123"
>>> int(x)              # 将字符串转换为十进制数
123
>>> y = "123"
>>> int(y,16)           # 字符串为十六进制,返回十进制整数
291
>>> z = 123.6
>>> int(z)              # 浮点数,执行后变成了整数
123
>>> int()               # 没有参数则返回 0
0
```

浮点数转换为整数时,会去掉小数点及后面的数值,仅保留整数部分。

2. bit_length()方法

bit_length()是整数类型的附加方法,该方法的功能是将数字转换为二进制数,并返回

最少位的二进制数的位数。以下是利用 bit_length()方法求取二进制位数的例子：

```
>>> num = 123
>>> print(bin(num))
>>> print(num.bit_length())
```

执行结果如下：

```
0b1111011
7
```

num 转换成二进制数为 0b1111011，其最少位的二进制数的位数正好是 7，与第二条语句执行结果相吻合。

3. bit_count()方法

bit_count()是整数类型的附加方法，是 Python 3.10 新增的功能，返回整数的绝对值的二进制表示中 1 的个数。该方法也被称为 population count 算法，用于计算一个二进制数中 1 的个数。示例代码如下：

```
>>> num = 19
>>> bin(num)
'0b10011'
>>> num.bit_count()
3
>>>(-num).bit_count()
3
```

视频讲解

3.1.2 浮点数类型

浮点数类型为 float，是 Python 基本数据类型中的一种，即通常说的小数或实数，如 3.14、2.718 等。浮点数也可以采用科学记数法表示，把浮点数表示为一个数 a 与 10 的 N 次幂相乘的形式，科学记数法的格式为：

$$a \times 10^N$$

其中，$1 \leqslant |a| \leqslant 10$，$N$ 为正整数。

Python 使用 e 或 E 代表底数 10，示例如下：

```
>>> 3.14e2              # 指数为 2
314.0
>>> 2.718e-2            # 指数为 -2
0.02718
```

浮点数通常使用 C 语言中的 double 实现，程序运行所在计算机上浮点数的精度和内部表示法可在 sys.float_info 中查看，可以查看浮点数的最大值、最小值等数据。执行结果如下：

```
>>> import sys
>>> sys.float_info
sys.float_info(max = 1.7976931348623157e + 308, max_exp = 1024, max_10_exp = 308, min = 2.2250738585072014e − 308, min_exp = − 1021, min_10_exp = − 307, dig = 15, mant_dig = 53, epsilon = 2.220446049250313e − 16, radix = 2, rounds = 1)
```

因此,Python 浮点数取值范围为 −1.7976931348623157e308~1.7976931348623157e308,超出这个范围,Python 会将其视为无穷大(inf)或无穷小(−inf),示例代码如下:

```
>>> 1.8e308
inf
>>> − 1.799e308
 − inf
```

在 Python 3 中,如果整数与浮点数混合运算,结果将为浮点数,这点与 Python 2 不同。比如以下运算中结果都为浮点数:

```
>>> 8/5
1.6
>>> 9 + 1.2
10.2
```

 知识拓展:浮点数运算的精度误差

在计算机内部,由于数据的存储和表示方式不同,浮点数的运算可能存在精度上的误差。比如有两个数据 a=1.83,b=0.372,那么很容易计算出 a−b=1.458,而使用程序运算得出的结果却是 1.4580000000000002。示例代码如下:

```
>>> a = 1.83;b = 0.372
>>> a − b
1.4580000000000002
>>>
```

Python 解释器提供了许多与浮点数相关的内置函数,float()、float.is_integer()、float.hex()等函数可以进行浮点数相关的判断及转换。

1. float()函数

float() 函数可以将整数或字符串转换成浮点数。比如:

```
>>> float(100)
100.0
>>> print(type(float(100)))
< class 'float'>
>>>
```

整数类型转换为浮点数类型时,会自动在数字末尾添加一位小数。

2. is_integer()方法

float.is_integer()是浮点数类型的附加方法,如果 float 实例可用有限位整数表示则返回 True;否则返回 False。示例代码如下:

```
>>> (-2.0).is_integer()
True
>>> (3.2).is_integer()
False
```

可见,float.is_integer()方法可以用于检查浮点数是否为整数。

3.1.3 复数类型

视频讲解

在一些工程数学中,经常会用到复数(complex)。Python 支持复数类型,并支持一些复数相关的运算。

复数包含实部和虚部两部分,分别以一个浮点数表示,表示形式为 real+imagj 或 real+imagJ,其中 j(或 J)为虚部单位,real 为实部,imag 为虚部。Python 中也给出了两个提取复数虚部和实部的方法,比如要从一个复数 z 中提取这两个部分,可使用 z.real 和 z.imag。下面是复数类型相关的示例代码:

```
>>> z1 = 3 + 4j          # 定义复数变量 z1,实部 3,虚部 4
>>> z2 = 9.8j            # 定义复数变量 z2,实部 0,虚部 9.8
>>> z1.real              # 提取复数 z1 的实部
3.0
>>> z1.imag              # 提取复数 z1 的虚部
4.0
>>> z2.real              # 提取复数 z2 的实部
0.0
```

Python 解释器提供了 complex()内置函数,用于创建一个复数,或将一个数或字符串转换为复数形式,其返回值为一个复数。该函数的语法格式如下:

```
class complex(real, imag)
```

其中,real 可以为 int、long、float 或字符串类型;而 imag 只能为 int、long 或 float 类型。

下面是 complex()函数相关的示例代码:

```
>>> complex(1)           # 将数字 1 转换为复数
(1 + 0j)
>>> complex("12 + 6j")   # 将字符串"12 + 6j"转换为复数
(12 + 6j)
>>>
```

> 注意事项：复数的创建与转换

(1) complex()内置函数创建复数时，如果第一个参数为字符串，则第二个参数必须省略；若第一个参数为其他类型，则第二个参数为可选参数。

(2) 将字符串的复数表示转换为复数时，字符串中＋前后都不能有空格。

3.1.4 布尔类型

布尔类型(bool)只有 True 和 False 两种取值。True 表示逻辑真，False 表示逻辑假，分别对应二进制中的 1 和 0。一般来说，Python 中将不为空的值都看成 True，而将 0、None、空序列、空字典等都看成是 False。

布尔类型主要用在逻辑判断上，用于分支条件的判别。bool()函数可以将一个数据转换为 bool 值。下面是布尔类型的示例代码：

```
>>> bool(None)
False
>>> bool(0)
False
>>> bool('')
False
>>> bool(3j)
True
>>>
```

3.2 字符串类型

字符串(str)是 Python 中最常用的数据类型，其用途也很多，平时输入的用户名、密码、提示信息、数据表中的文本信息等都属于字符串。

字符串是一种表示文本数据的类型。在 Python 中使用字符串处理文本数据，定义为 str 对象，是不可变序列类型数据。

3.2.1 字符串的表示

字符串有多种表现形式，可以用单引号(' ')、双引号(" ")或三引号(""" """)表示。

在 Python 中使用单引号与双引号引起来的字符串用法相同，引号引起来的部分是字符串的内容，使用双引号或单引号都可以定义字符串，示例如下：

视频讲解

```
>>> str1 = "Li likes study Python!"
>>> str2 = 'Hu likes study Java!'
>>> type(str1)
<class 'str'>
>>> type(str2)
<class 'str'>
```

但是在有些情况下分开使用可能会带来方便,比如一个字符串本身就包含单引号或者双引号,此时需要用转义字符才能将其显示出来,这时就可以用另一种引号,以避免使用转义字符,简化语句,示例如下:

```
>>> str3 = "Let's go!"                    #字符串里面有单引号,外面使用双引号
>>> str4 = 'I love "Python"!'             #字符串里面有双引号,外面使用单引号
>>> str3
"Let's go!"
>>> str4
'I love "Python"!'
```

另外,三引号("""…""")还在字符串换行时使用,比如:

```
>>> str1 = """I Love
... learning
... Python!
... """
>>> str1
'I Love\nlearning\nPython!\n'
```

注意,此时每行之后的换行符也会出现在字符串中。其实,程序中很少将三引号当作字符串表示形式,很多时候用作多行注释。在程序结构中,三引号专门用作函数注释使用。

 知识拓展:Python 字符串与 C 语言中的字符类型

(1) Python 3 没有单独的字符类型,一个字符就是长度为 1 的字符串,比如"a"。

(2) Python 3 的字符串类型与 C 语言的字符串类型不同,一旦赋值,就不能再通过索引位重新赋值。比如,下面的语句试图将"python"修改为"Python":

```
>>> word = "python"
>>> word[0] = "P"                         #非法用法,提示 TypeError,字符串不允许该类型赋值
```

3.2.2 字符串的输入

视频讲解

1. input()函数

input()函数是 Python 的内置函数,实现从标准输入读取一行文本,默认的标准输入设备是键盘。input()函数可以接收一个 Python 表达式作为输入,并将运算结果返回,返回结果为字符串类型。

input()函数的语法格式如下:

```
input([prompt])
```

其中,prompt 参数是输入提示,末尾不带换行符。该函数执行时,将从输入中读取一行,将

其转换为字符串,不包含末尾的换行符,并将该字符返回。

以下是该函数的使用示例:

```
>>> name = input("请输入您的姓名:")          #输入内容赋值给 name 变量
请输入您的姓名:张三
>>> age = input("请输入您的年龄:")           #输入内容赋值给 age 变量
请输入您的年龄:18
>>> name; type(name)                         # name 变量是字符串类型
'张三'
<class 'str'>
>>> age; type(age)                           # age 变量也是字符串类型
'18'
<class 'str'>
```

通过 input()函数可以得到一个输入字符串,当需要输入整数时,可以对上述输入进行转换,比如使用 int()函数,将数字类型的字符串转换为整数,如下所示:

```
>>> age = int(input("请输入您的年龄:"))
请输入您的年龄:18
>>> age; type(age)                  # age 变量是整数类型
18
<class 'int'>
```

利用这种方法可以实现输入类型的转换,但是如果输入内容包含了非数字字符,则会引发类型转换错误。在 Python 中提供了 eval()内置函数可以解决这一问题。

2. eval()函数

eval()是 Python 提供的一个内置函数,作用是去掉参数中最外层引号,以 Python 表达式的方式解析并执行,然后输出结果。简单地说,eval()函数将去掉字符串的两个引号,将其解释为一个变量,并执行。

eval()函数的语法格式如下:

```
eval(expression[, globals[, locals]])
```

其中,expression 为实参,是一个字符串;globals 和 locals 都是可选参数,globals 的实参必须是一个字典,locals 可以是任何映射对象。eval()函数功能比较强大,在此只讲解 expression 为字符串时的表达式解析问题。将 expression 作为 Python 表达式进行求值,返回值就是表达式的求值结果。语法错误将会触发异常。

eval()函数与 input()函数配合使用可以解决类型转换的问题。比如:

```
>>> age_1 = 20
>>> age = eval(input("请输入您的年龄:"))
请输入您的年龄:age_1
>>> age; type(age)                  # age_1 作为表达式输入,eval()将其值赋给 age 变量
20
<class 'int'>
```

上述示例中，eval()函数会去掉输入字符串的两个引号，将其解释为一个变量，将 age_1 变量的值赋给 age 变量，所以 age 为 20，是整数类型。如果直接输入数字 20，则效果一样。但是如果输入的变量没有定义，也会给出异常提示。

在后面会经常使用 eval()函数做一些复杂类型的转换，或者将字符串内容当作 Python 表达式或代码执行。示例代码如下：

```
>>> x = 3
>>> eval('2 * x')              # 表达式 2 * x 会被执行
6
>>> eval('1 + 2')              # 表达式 1 + 2 会被执行
3
```

3.2.3 字符串的输出

视频讲解

1. 转义字符（转义符）

在计算机中，有一些特殊的字符无法显示，比如回车、换行等，需要使用普通字符的组合实现，Python 中使用\与字符的组合实现。由于\改变了原来字符的含义，因此被称作转义字符，常用的转义字符如表 3-1 所示。

表 3-1 Python 中常用的转义字符

转义字符	含义
\n	换行
\t	横向制表符
\\	反斜杠(\)
\b	退格
\'	单引号(')
\"	双引号(")
\	续行符

转义符依然属于字符，是字符串的一部分，用在 print()语句中就会显示转义符所表达的含义，转义符的示例代码如下：

```
>>> str_test = 'First\tline.\nSecond line.'        # 字符串中插入制表符和换行符
>>> print(str_test)
First       line.
Second line.
```

以上示例中，str_test 字符串中有两个转义符\t 和\n，在输出结果中可以看出，\t 输出的制表位比空格要宽，\n 使得 Second line 显示在了下一行。

单独的\表示续行符。有时一个字符串比较长，为了保持程序的美观和易读性，可以使用续行符\将这条很长的字符串摆放在很多行，示例代码如下：

```
>>> str_test = "Python 是一种解释型的、\
... 面向对象的\
... 带有动态语义的\
... 高级程序设计语言."
>>> str_test
'Python 是一种解释型的、面向对象的带有动态语义的高级程序设计语言.'
```

可以看出，字符串虽然显示在了多行，但依然属于同一个字符串，该字符串内容显示与一般输入的字符串没有差别。

2. 转义字符的取消

有时，不希望字符串中的转义字符（转义符）起作用，可以使用原始字符串（raw string）。原始字符串是在字符串前面加上一个 r 或 R，就可以取消字符串内转义符的作用，比如：

```
>>> str_test = r'First\tline.\nSecond line.'
>>> print(str_test)
First\tline.\nSecond line.
```

可以看出，在字符串前面加上 r 或 R，字符串里面的\t 和\n 转义字符都没有起作用，被当成了普通字符处理，实现了原始字符串的输出。

3. 占位符(%)法格式化字符串

格式化字符串是指将指定的字符串转换为想要的格式。Python 字符串可通过％格式化输出。比如下面一段代码：

```
>>> num = 100
>>> print("当前的数量是:% d" % num)
当前的数量是:100
```

该程序类似于 C 语言的格式化输出，稍微不同的是字符串后面没有逗号，在变量前面使用了"％"符号，所实现的功能相同。％d 便是一个格式化符号，表示以十进制数进行显示。

表 3-2 列举了几个 Python 中常用的格式化符号。

表 3-2 Python 中常用的格式化符号

格式化符号	转换	示例
%s	字符串	'%s'%'Python',结果为'Python'
%d	有符号十进制数	'%d>%d'%(2,1),结果为：'2>1'
%f	浮点数	'%f'%1.23,结果为：'1.23'
%c	字符	"%c%c"%(65,98),结果为：'Ab'
%x	十六进制整数	'%x'%10,结果为'a'
%o	八进制整数	'%o'%10,结果为'12'
%e	科学记数法浮点数	'%e'%2022,结果为'2.022000e+03'

知识拓展：%格式符格式化字符串

（1）对于浮点数来说，可以利用格式符实现浮点数中小数位数的控制，用法为：%0m.nf，其中 m 表示显示的数据宽度，n 表示小数位数，m 要大于总的位数，否则无意义。其中的 0 表示当显示位数大于实际的数据位数时用 0 填充，格式中没有 0 时（如%m.nf）使用空格填充。示例代码如下：

```
>>> pi = 3.1415926
>>> print('%.2f' % pi)
3.14
>>> print('%6.2f' % pi)
  3.14
>>> print('%06.2f' % pi)
003.14
```

（2）使用"%"格式符格式化字符串时的语法与 C 语言不同，字符串后面没有逗号，直接加%变量的形式，下述语法是错误的：

```
print("x= %d y= %d", %(x,y))              #错误,正确格式为去掉字符串后的逗号
```

4. format()函数法格式化字符串

Python 中"%"格式化字符串方法属于传统的方法，目前较多地采用 format()方法执行字符串格式化操作。format()格式化字符串方法主要有按位置访问参数方法和按名称访问参数方法两种格式。

1）按位置访问参数方法

调用 format()方法的字符串可以包含字符串字面值或以大括号"{}"括起来的替换域。每个替换域可以包含一个位置参数的数字索引，或者一个关键字参数的名称。返回的字符串副本中，每个替换域都会被替换为对应参数的字符串值。

下面以示例进行说明：

```
>>> "The sum of 1 + 2 is {0}".format(1+2)
'The sum of 1 + 2 is 3'
```

该示例中，前面的字符串中有一个以大括号括起来的替换域，里面的序号为 0，对应 format()方法的第一个参数。该例中 format()方法中只有一个参数，该参数是一个表达式，使用表达式的计算结果 3 将{0}替换掉，就得到上面的输出字符串。

这种 format()格式化字符串方法称作按位置访问参数的方法，其原理可以用图 3-1 进行说明。图中的格式化字符串包含三个"{}"标识的替换域，每个"{}"中都有顺序号，按位置访问参数的方法就是后面出现的三个参数依次将前面的"{}"位

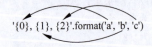

图 3-1 按位置访问参数的方法

置替换掉，就可以得到本例中的字符串：'a,b,c'。
有时采用按位置访问参数方法不用将"{}"中的序号标示出来，依然按照位置进行替换即可：

```
>>> '{}, {}, {}'.format('a', 'b', 'c')
'a, b, c'
```

2）按名称访问参数方法

按名称访问参数方法中，在字符串替换位置"{}"中给出的是参数的名字，如图 3-2 所示。与 format() 方法中参数的名字一致，只需要将 format() 方法中同名字参数的内容替换过来就可以。该方法不关注参数出现的顺序，根据参数名称进行替换，不容易出错。

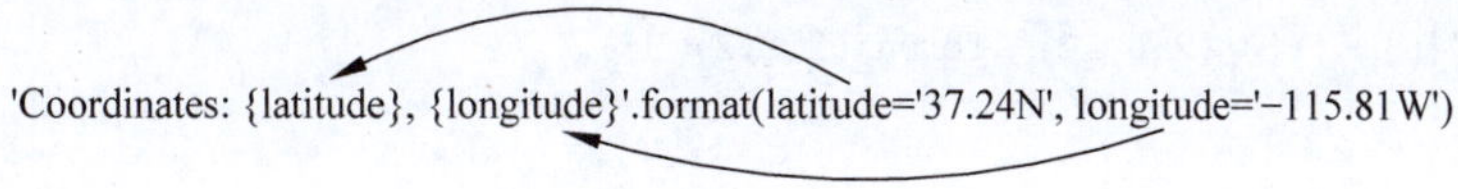

'Coordinates: {latitude}, {longitude}'.format(latitude='37.24N', longitude='-115.81W')

图 3-2 按名称访问参数的方法

采用该方法的示例代码如下：

```
>>> '坐标：{LAT}, {LON}'.format(LAT = '37.24N', LON = ' - 115.81W')
'坐标：37.24N, - 115.81W'
```

3）字符串填充对齐

format() 方法进行字符串的填充与对齐较为复杂，详细请参考 Python 文档中的 PEP3101。下面以示例的形式进行讲解，示例代码如下：

```
>>> ("{0} + {1} = {2:0>2}").format(1,2,3)
'1 + 2 = 03'
```

该示例代码中，前面要格式化输出的字符串里面有三个"{}"，"{}"里面的第 1 个数字表示参数的序号，冒号后面的参数表示对齐关系，具体说明如图 3-3 所示。示例中第三个"{}"中的第一个 2 表示位置参数，对应于 format 参数列表中的第三个参数 3；":"右边是对齐选项；0 是填充字符，如果数据位宽不够时用数字 0 填充；">"表示内容右对齐；右边的 2 为数据位宽。本例中第三个参数为 3，只有 1 位，所以显示为 03。

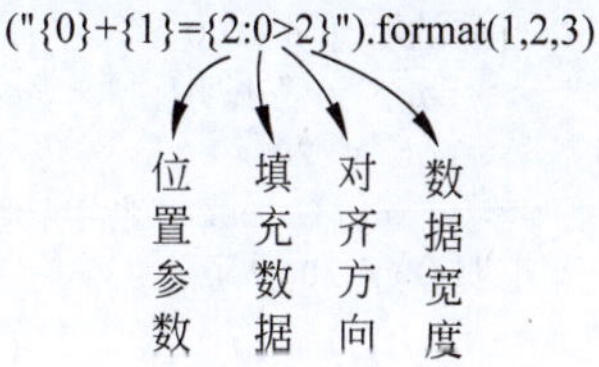

("{0}+{1}={2:0>2}").format(1,2,3)

位置参数 填充数 对齐方向 数据宽度

图 3-3 格式化输出字符含义

各种对齐选项的含义如表 3-3 所示。

表 3-3 Python 中字符串填充对齐方向

选项	说明
'<'	强制字段在可用空间内左对齐（这是大多数对象的默认值）
'>'	强制字段在可用空间内右对齐（这是数字的默认值）

续表

选 项	说 明
'='	强制在符号(如果有)之后数码之前放置填充
'^'	强制字段在可用空间内居中

字符串的填充与对齐示例代码如下:

```
>>> '{0:*>10}'.format(100)              # 宽度 10,右对齐,填充 *
'*******100'
>>> '{0:-<10}'.format(100)              # 宽度 10,左对齐,填充 -
'100-------'
>>> '{0:=^10}'.format(100)              # 宽度 10,居中对齐,填充 =
'===100===='
>>> print("{0}*{1}={2:0>2}".format(3,2,2*3))
3*2=06
```

5. f-string 法格式化字符串

f-string 是从 Python 3.6 开始引入的一种格式化字符串方法,该方法使用简单,更容易理解和掌握。

f-string 在形式上是以 f 或 F 修饰符引领字符串,以大括号标明被替换的字段和所在的位置,使用格式如下:

```
f'{变量名}' 或 F'{变量名}'
```

其中,变量名是前面定义的变量,在大括号括起来的位置替换为该变量的值。

比如,以下示例中使用 f-string 进行格式化字符串输出:

```
>>> num = 100
>>> print(f'当前的数量是{num}')
当前的数量是 100
>>> name = "小明"
>>> age = 20
>>> print(f"{name}今年{age}岁了.")
小明今年 20 岁了.
```

【例 3-1】 利用本节所讲 format()方法及 while 循环编写程序,输出如下九九乘法表:

```
1*1=01
1*2=02  2*2=04
1*3=03  2*3=06  3*3=09
1*4=04  2*4=08  3*4=12  4*4=16
1*5=05  2*5=10  3*5=15  4*5=20  5*5=25
1*6=06  2*6=12  3*6=18  4*6=24  5*6=30  6*6=36
1*7=07  2*7=14  3*7=21  4*7=28  5*7=35  6*7=42  7*7=49
1*8=08  2*8=16  3*8=24  4*8=32  5*8=40  6*8=48  7*8=56  8*8=64
```

1*9=09 2*9=18 3*9=27 4*9=36 5*9=45 6*9=54 7*9=63 8*9=72 9*9=81

本程序的示例代码如下：

```
#Example3.2 九九乘法表的示例代码
i = 1
while i < 10:
    line_num = 1
    while line_num <= i:
        print("{0} * {1} = {2:0>2}".format(line_num, i, line_num * i), end = "\t")
        line_num += 1
    i += 1
    print()
```

本例中，每个乘法表都是一个乘法格式，外层循环共循环十次，每次处理一行，每行的处理是内层循环完成的，变量 line_num 代表所在的行号。对照前面字符串填充对齐格式的说明，print 语句中输出格式 {2：0＞2}可以理解为：输出数据的位宽为 2，右对齐，空位填充 0，这样就可以正确显示结果。

【练习 3-1】 使用 for 循环，输出上述九九乘法表。

【练习 3-2】 编写程序实现图 3-4 所示的数字排列输出。

1	1	1
2	4	8
3	9	27
4	16	64
5	25	125
6	36	216
7	49	343
8	64	512
9	81	729
10	100	1000

图 3-4 数字排列输出

3.2.4 字符串的访问

在 Python 中字符串属于元素有序存放的一类数据，和后面第 4 章要讲的列表、元组都属于序列类型。序列是元素有序存放且可重复的一种数据结构，用索引或下标标注元素的位置，可以通过索引进行元素操作，支持索引操作、切片操作、加法运算、乘法运算和检查元素操作，并支持用函数 max()、min() 和 len() 计算序列的最大值、最小值和长度。

字符串属于序列，下面对字符串的存储及操作进行详细说明。本节所讲的字符串操作及方法，同样适用于第 4 章要讲的列表和元组数据类型。

1. 字符串的索引

字符串是由字符构成的，每个字符都对应一个下标。下标也称为索引，有两种索引形式，一种是正向索引，从左向右从 0 开始递增；另一种是反向索引，自右向左从 -1 开始递减。假设字符串变量 name = 'Python'，该字符串的索引如图 3-5 所示。

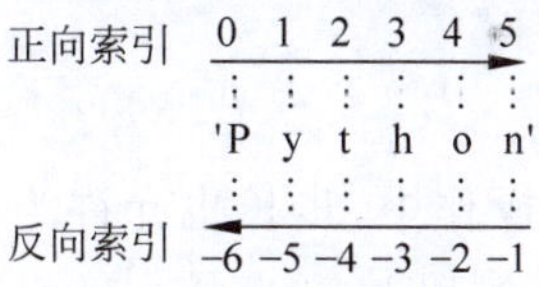

```
正向索引   0  1  2  3  4  5
          'P  y  t  h  o  n'
反向索引  -6 -5 -4 -3 -2 -1
```

图 3-5 字符串索引

对字符串元素访问可以通过元素的索引进行。比如要访问 name 变量中的字母 P，可以使用 name[0] 或 name[-6] 进行访问，示例代码如下：

```
>>> name = 'Python'
>>> name[0]
```

```
'P'
>>> name[-6]
'P'
```

2. 字符串的切片

对于像字符串一样的序列数据来说,索引可以用来对单个元素进行访问,对于多个元素,则要用切片进行访问。

字符串切片,也称为字符串的截取,是获取字符串的多个字符的一种方法,使用[]指定一个范围以获取多个字符。切片操作的主要语法如下:

变量名[起始:结束:步长]

变量名是对应的字符串变量,切片操作从"起始"位开始,到"结束"位的前一位结束,不包含结束位本身,遵循左闭右开原则,"步长"是可选项,默认为1,表示多少位字符取一位,比如2代表每两位字符取一位。也可以使用反向索引进行切片,步长为-1时,它从序列的末尾开始向前遍历,实际上就是反转。示例代码如下:

```
>>> sentence = "I love study Python!"
>>> sentence[2:5]              #起始位=2,结束位=5
'lov'
>>> sentence[-7:-1]            #起始位=-7,结束位=-1
'Python'
>>> sentence[0:10:2]           #从前十个字符中,每两个取一个字符
'Ilv t'
```

如果起始位和结束位设置不正确,比如正向索引时起始位>结束位,得到的将是空字符串。如果起始位或者结束位为空,则表示从头开始或一直到结束。正向索引和反向索引也可以同时使用。参见下面的示例代码:

```
>>> sentence = "I love study Python!"
>>> sentence[6:2]              #起始位>结束位,得到的是空串
''
>>> sentence[:6]               #起始位没有,表示从头开始
'I love'
>>> sentence[:-8]              #起始位没有,表示从头开始
'I love study'
>>> sentence[2:-8]             #索引值包含了正向索引和反向索引
'love study'
```

前面所述切片操作都是要求步长为正数的情况,Python切片操作中,步长也允许为负数,此时正向索引需要逆序书写,区间依然遵循左闭右开的要求,示例如下:

```
>>> num = '0123456789'
>>> num[0:4]                   #正向索引,步长为默认值1
'0123'
>>> num[4:0:-1]                #步长为-1,正向索引需要逆序书写
'4321'
```

```
>>> num[:]                  #起始位、结束位都省略,全部输出
'0123456789'
>>> num[::-1]               #步长是-1,表示逆序输出
'9876543210'
>>> num[::-2]               #步长是-2,表示逆序间隔一位取一位
'97531'
```

3. 字符串的运算

Python 字符串支持+、*运算,已知 a="Hello",b="World",两种字符串运算操作如表 3-4 所示。

表 3-4　Python 中字符串的常见运算

操作符	描　　述	举　　例
+	字符串连接	>>> a+b 'HelloWorld'
*	重复输出字符串	>>> a * 2 'HelloHello'

+=
*=
	字符串拼接,运算后改变原变量的绑定关系,等同于 x = x + …,或者 x = x * …	>>> a += b　　　　#等价于 a= a+b
		>>> print(a)
		HelloWorld
		>>> b *= 3　　　　#等价于 b= b*3
		>>> print(b)
		WorldWorldWorld

<
<=
>
>=
==
!=
	字符串比较运算符,用于比较运算符的大小关系	>>> b1='A' < 'B'
		>>> b2='AB' <= 'AC'
		>>> b3='abd' <= 'aca'
		>>> b4='ab' < 'abc'
		>>> print(b1,b2,b3,b4)
		True True True True

in
not in
	成员运算符。对于 in,如果字符串中包含给定的字符,则返回 True;对于 not in,如果字符串中不包含给定字符,则返回 True	>>> x = "welcome to beijing!"
		>>> b1 = 'to' in x
		>>> b2 ='hello' not in x
		>>> print(b1,b2)
		True True

3.3　字符串常见操作

字符串属于程序中最常使用的一种数据类型,Python 提供了大量的附加方法支持字符串的查找、转换、切片、排序等操作。

前面提到,在 Python 中,字符串属于序列类型的变量,也支持 max()、min()和 len()这三个基本函数,分别用于返回序列所包含的最大元素、最小元素和元素的数量。这三个函数

同样适用于第 4 章的其他组合类型数据。这三个函数的用法如下：

```
>>> str_test = "I have being studing Python for 4 weeks!"
>>> max(str_test)                #求最大元素,是指 ASCII 码值最大的元素
'y'
>>> min(str_test)                #求最小元素,是指 ASCII 码值最小的元素
' '
>>> len(str_test)                #求元素的数量
40
```

上面的代码中, str_test 字符串中"y"的 ASCII 码为 121,最大；空格的 ASCII 码为 32,最小；字符串一共有 40 个字符。

3.3.1 大小写转换

视频讲解

在很多英文应用场合,有一些特殊要求,比如需要英文文献的标题要全部大写、关键词首字母大写、一句话的首字母大写等,这就涉及字符串的大小写转换问题。Python 为字符串提供了一些附加的方法,比如 upper()、lower()、capitalize()、title()等,可以方便地完成字符串的大小写转换工作。需要注意的是,这些方法会返回一个按照要求转换的字符串,原来的字符串并没有发生改变。表 3-5 列出了常用的字符串大小写转换方法及功能。

表 3-5　字符串大小写转换方法及功能

方　　法	说　　明	用　　法
upper()	将字符串中所有区分大小写的字符均转换为大写	str.upper()
lower()	将字符串中所有区分大小写的字符均转换为小写	str.lower()
swapcase()	返回原字符串的副本,其中大写字符转换为小写,小写转换为大写	str.swapcase()
capitalize()	将字符串的首个字符大写,其余小写	str.capitalize()
title()	将字符串中每个单词第一个字母大写,其余字母小写	str.title()

下面是这几个字符串内置方法的示例代码,使用比较简单,但要分清楚不同方法的区别。

```
>>> str1 = "STRING conversion example."
>>> str1.capitalize()            # 字符串第一个字符大写
'String conversion example.'
>>> str1.title()                 # 字符串每个单词第一个字符大写
'String Conversion Example.'
>>> str1.upper()                 # 字符串所有字符大写
'STRING CONVERSION EXAMPLE.'
>>> str1.lower()                 # 字符串所有字符小写
'string conversion example.'
>>> str1.swapcase()              # 所有字符小写转换为大写,大写转换为小写
'string CONVERSION EXAMPLE.'
>>> str1                         # 上述方法执行之后,str1 字符串不变
"STRING conversion example."
```

3.3.2 字符串查找与替换

视频讲解

从网上查找或下载一些内容时,会涉及一些文本的处理,比如查找指定的字符串。Python 为字符串操作提供了许多附加方法,使得字符串的查找与替换比较方便。

要查找一个字符串中是否存在某个字符或某段字符时,就可以使用前面所讲的 in 或 not in 成员运算符进行判断,通过返回的 True 或 False 判断当前字符串是否包含要查找的子字符串(子串)。Python 为字符串查找与替换提供的附加方法主要有 find()、index()、rfind()、lfind()、replace()、startswith()、endswith()等,表 3-6 列出了这些方法的主要功能。

表 3-6 字符串查找与替换相关方法

方法	说明	用法
find()	返回子字符串 sub 在 str[start:end] 切片内被找到的最小索引。如果未找到子串则返回 −1	str.find(sub[,start[,end]])
index()	类似于 find(),但在找不到子字符串时会引发 ValueError	str.index(sub[,start[,end]])
rfind()	返回子字符串 sub 在字符串内被找到的最大(最右)索引,如果未找到则返回 −1	str.rfind(sub[,start[,end]])
rindex()	类似于 rfind(),但在子字符串 sub 未找到时会引发 ValueError	str.rindex(sub[,start[,end]])
startswith()	查找字符串是否以指定的 prefix 开始,如果是则返回 True,否则返回 False。如果有可选项 start,将从指定位置开始检查。如果有可选项 end,将在指定位置停止比较	str.startswith(prefix[,start[,end]])
endswith()	用于判断字符串是否以指定后缀结尾,如果是则返回 True,否则返回 False。如果有可选项 start,将从指定位置开始检查。如果有可选项 end,将在指定位置停止比较	str.endswith(suffix[,start[,end]])
replace()	返回字符串副本,将字符串所有子字符串 old 替换为 new。如果给出了可选参数 count,则只替换前 count 次	str.replace(old,new[,count])

例如,要从字符串 str1="我最喜欢吃的水果是苹果、香蕉和橙子。"查找子串 sub1="苹果"和 sub2="西瓜",示例代码如下:

```
>>> str1 = "我最喜欢吃的水果是苹果、香蕉和橙子."
>>> sub1 = "苹果"
>>> sub2 = "西瓜"
>>> print(str1.find(sub1))
9                                  # 找到子串"苹果",返回所在索引值 9
>>> print(str1.find(sub1,10))
-1                                 # 从指定位置开始没有找到子串"苹果",返回 -1
>>> print(str1.find(sub2))
-1                                 # 没有找到子串"西瓜",返回 -1
```

```
>>> print(str1.startswith("我"))          #字符串以"我"开始,返回 True
True
>>> str2 = str1.replace("喜欢","不喜欢")  #替换后赋值给 str2,str1 不变
>>> str2
'我最不喜欢吃的水果是苹果、香蕉和橙子.'
>>>
```

3.3.3 字符串分割与拼接

视频讲解

在文本处理中,经常会遇到字符串的分割与拼接问题,在前面讲述的内容中,字符串的切片是处理字符串分割的方法,字符串连接符是处理字符串连接的方法。Python 中,更多地使用 Python 自带的字符串附加方法处理字符串的分割与拼接。

1. 字符串的分割

字符串分割方法主要有 split()、rsplit()、splitlines()等,其功能如表 3-7 所示。

表 3-7 主要的字符串分割方法

方法	说 明	用 法
split()	返回一个由字符串内单词组成的列表,使用 sep 的值作为分隔字符串。maxsplit 默认为−1,不限制拆分次数,如果给出该值,则最多进行 maxsplit 次拆分	str.split(sep=None, maxsplit=−1)
rsplit()	功能同 split(),只是从最右边开始拆分	str.rsplit(sep=None, maxsplit=−1)
splitlines()	返回由原字符串中各行组成的列表,在行边界的位置拆分。结果列表中不包含行边界,除非 keepends 为真值	str.splitlines(keepends=False)
partition()	在 sep 首次出现的位置拆分字符串,返回一个三元组,其中包含分隔符之前的部分、分隔符本身,以及分隔符之后的部分。如果分隔符未找到,则返回三元组中包含字符本身以及两个空字符串。	str.partition(sep)

下面以 split()为例进行示例说明,其中指定了分隔符,会以分隔符进行分割,示例代码如下:

```
>>> '1,2,3'.split(',')              # sep = ',',拆分出三个元素
['1', '2', '3']
>>> '1,2,3'.split(',', maxsplit = 1)  # 只拆分一次,#剩余的作为一个元素
['1', '2,3']
>>> '1,2,,3,'.split(',')            # 有连续分隔符,将分割符中间看作空字符串
['1', '2', '', '3', '']
```

当不指定分隔符时,会将空格看作分隔符,示例代码如下:

```
>>> '1 2 3'.split()                 #不指定 sep,默认将空格作为分隔符
['1', '2', '3']
>>> '1 2 3 '.split()                #不指定 sep,多个连续空格看作一个分隔符
['1', '2', '3']
```

分隔符参数也可以由多个字符组成,此时会将这些给定的字符看作一个整体进行分割操作,比如'1<>2<>3'.split('<>')将返回['1','2','3'],示例代码如下:

```
>>> '1<>2<>3'.split('<>')        # 分隔符参数由'<>'两个字符组成
['1', '2', '3']
```

2. 字符串的拼接

字符串拼接方法主要是join()方法,格式如下:

```
str.join(iterable)
```

其中,str可以看作连接字符串的字符分隔符,iterable是可迭代对象,调用该方法将iterable可迭代对象中的元素用str字符串中的连接符拼接起来,并返回该字符串。

该方法的使用示例如下:

```
>>> str1 = " + "
>>> str2 = "kjsdha"
>>> str1.join(str2)              # 使用" + "连接符将str2字符串的字符连接起来
'k + j + s + d + h + a'
>>> list1 = ["男生","女生"]
>>> str1.join(list1)             # 使用" + "把列表中的字符串元素连接起来
'男生 + 女生'
```

知识拓展:可迭代对象

(1) 可迭代对象(iterable)一般是指能够使用 for 循环遍历取值的对象,range、字符串对象属于可迭代对象,第 4 章要讲的列表、元组、字典、集合也属于可迭代对象。但是能使用join()方法连接的需要具有字符串元素类型。

(2) join()方法中的可迭代对象(iterable)中的元素必须是字符串类型,否则会引发异常。

3.3.4 删除字符串特定字符

经常会遇到一些获取的文本中有空格、分隔符或者前导符等,可以利用 Python 提供的一些字符串附件方法去除这些字符。

1. 去除字符串两端的特定字符

去掉字符串两端特定字符的主要方法为 strip()、rstrip()和 lstrip()。strip()方法用于移除其中的前导字符,返回原字符串的副本。strip()方法的用法如下:

```
str.strip([chars])
```

其中,chars 参数是要从字符串 str 中移除的字符。如果省略或为 None,则 chars 参数

默认移除空白符。实际上 chars 参数可以移除指定的单个前导字符,也可以移除字符的组合,示例如下所示:

```
>>> ' spacious '.strip()
'spacious'
>>> 'www.example.com'.strip('wcom.')
'example'
```

最外侧的前导字符和末尾的 chars 参数值将从字符串中移除。开头端的字符的移除将在遇到一个未包含于 chars 所指定字符集的字符时停止。

rstrip()用于移除字符串的末尾字符,lstrip()用于移除字符串左侧的前导字符,二者在用法上与 strip()相同。

2. 去除字符串内部的字符

去除字符串内部字符有很多种情况,前面讲过的切片及拼接的方法就可以实现删除单个固定位置的字符,比如要去掉字符串"10,000"中的逗号,可以利用如下方法实现:

```
>>> str1 = "10,000"
>>> str2 = str1[0:2] + str1[3:6]
>>> str2
'10000'
```

这种方法需要知道要删除字符的具体位置,但很多时候并不知道具体位置,Python 提供的 replace()方法可以很好地解决这一问题。replace()方法前面已经讲过,下面看一个例子:

```
>>> str1 = "10,000,000"
>>> str2 = str1.replace(",","")          #使用空字符替换要删除的字符
>>> print(str2)
10000000
```

视频讲解

3.3.5 字符串对齐

在使用字符串时,很多地方都要求按照某种格式对齐或填充,Python 提供了几个字符串附加方法,操作起来十分方便,主要有 ljust()、rjust()、center()、zfill()等,这几种方法的主要功能如表 3-8 所示。

表 3-8 几种处理字符串对齐的方法

方法	说明	用法
ljust()	左对齐,返回长度为 width 的字符串。使用指定的 fillchar 填充空位,默认用空格填充。如果 width 小于或等于字符串长度则返回原字符串副本	str.ljust(width[,fillchar])
rjust()	功能同上,但是原字符串靠右对齐	str.rjust(width[,fillchar])

续表

方 法	说 明	用 法
center()	返回长度为 width 的字符串,原字符串居中,使用指定的 fillchar 填充两边的空位,如果 width 小于或等于字符串的长度则返回原字符串的副本	str.center(width[,fillchar])
zfill()	返回原字符串的副本,在左边填充 ASCII '0'使其长度变为 width。'0'填充在正负值前缀('+'/'-')之后。如果 width 小于字符串长度则返回原字符串的副本	str.zfill(width)

下面是这几个方法的示例代码,注意,指定的 width 要比字符串长度大,否则会返回原始字符串的副本。

```
>>> text = '世界那么大,我想去看看'
>>> print(text.ljust(20))              # 左对齐
世界那么大,我想去看看
>>> print(text.rjust(20))              # 右对齐
          世界那么大,我想去看看
>>> print(text.center(20))             # 居中对齐
     世界那么大,我想去看看
>>> print(text.center(20,"="))         # 居中对齐,分隔符用"="
====世界那么大,我想去看看=====
>>> print(text.zfill(20))              # 左边补 0
000000000世界那么大,我想去看看
```

3.3.6 字符串判断

在使用字符串时,需要知道字符串的类型、是否为数字、是否为大写、是否是十进制等,Python 提供了许多相关判断方法,这些方法都是返回 True 或 False,从而得到字符串相关判断的结果。表 3-9 列出了一些相关方法,并简要列出了其功能。

视频讲解

表 3-9 字符串判断

方 法	说 明
str.isalnum()	非空字符串中的所有字符都是字母或数字则返回 True
str.isalpha()	非空字符串中的所有字符都是字母则返回 True
str.isascii()	字符串为空或字符串中的所有字符都是 ASCII
str.isdecimal()	非空字符串中的所有字符都是十进制字符则返回 True,十进制字符是用来组成十进制数字的字符
str.isdigit()	字符串中的所有字符都是数字,且非空,返回 True。digit 数字包含十进制字符和需要特殊处理的数字,如兼容性上标数字
str.isidentifier()	字符串是有效的标识符,返回 True
str.islower()	字符串至少有一个区分大小写的字符且此类字符均为小写,则返回 True
str.isnumeric()	非空字符串且所有字符均为数值字符则返回 True,numeric 数值字符包括数字字符,以及所有在 Unicode 中设置了数值特性属性的字符

续表

方法	说明
str.isprintable()	字符串中所有字符均为可打印字符或字符串为空,则返回 True
str.isspace()	字符串中只有空白字符且至少有一个字符,则返回 True
str.istitle()	字符串中至少有一个字符且为标题字符串,则返回 True
str.isupper()	字符串至少有一个区分大小写的字符且此类字符均为大写,则返回 True

下面是其中的部分方法使用示例:

```
>>> str1 = "11"
>>> print(str1.isdigit())          # 纯数字判断
True
>>> str2 = "3.14"
>>> print(str2.isdigit())          # 纯数字判断
False
>>> print(str2.isdecimal())        # 十进制数判断,不能有小数点
False
```

3.3.7 其他操作

Python 内置的方法还有很多,其中 count()方法较为常用,用于统计字符串里某个子字符串出现的次数,下面是该方法的用法:

```
str.count(sub[, start[, end]])
```

其中,sub 是要统计的子字符串,[start,end]是统计区间,返回范围内非重叠出现的次数。[start,end]未设置时默认统计整个字符串;如果设置了,则只在该指定区间统计。

下面是 count()方法的使用示例:

```
>>> str = "www.tsinghua.edu.cn"
>>> sub = "n"
>>> print(str.count(sub))
2
```

视频讲解

3.4 字节串类型

字节串(bytes)类型和字符串类型都是处理二进制数据的二进制序列类型。字节串又称字节码,是 Python 3.x 新增的数据类型。字节串是由多个字节构成的不可变序列,每个元素为 1 字节,每字节由 8 位二进制数组成。

字节串的表示方法和字符串类似,只是添加了一个 b 前缀,同样使用单引号、双引号和三引号进行定义。比如下面代码中的变量 b1 便是赋值以 b 开头的字节串,其类型为字节串类型:

```
>>> b1 = b'abcd'              # b1 是字节串类型变量
>>> b1
b'abcd'
>>> type(b1)
<class 'bytes'>
```

字节串类型和字符串类型都支持元素索引、切片等操作,是不可变序列。字符串由若干个字符组成,以字符为单位进行操作;而字节串由若干个字节组成,以字节为单位进行操作。

字节串类型以字节序列的形式存储数据,记录内存中的原始数据,不关心数据的含义,数据表示的内容需要由程序解析方式决定。字节串类型可以用来存储图片、音频、视频等二进制格式的文件,非常适合在互联网上传输。

3.4.1 字节与编码

在计算机内部,所有数据都以二进制的形式存储。数据的含义通过编码进行解析。最早的字符编码是 ASCII 码,采用 1 字节(8 位二进制数)表示一个字符。标准 ASCII 码只有 128 个编码,只能包含数字、英文字母、常见字符等基本编码,后期出现的 GB2312、Unicode、GBK 等编码可以涵盖所有字符编码。常见字符编码如表 3-10 所示。

表 3-10 常见字符编码

编 码	名 称	所占字节数	说 明
ASCII	美国标准信息交换码	1	使用指定的 7 位或 8 位二进制数组合表示 128 或 256 种字符,可以表示所有大写和小写字母、数字 0~9、标点符号,以及在美式英语中使用的特殊控制字符
GB2312	信息交换用汉字编码字符集	2	适用于汉字处理、汉字通信等系统之间的信息交换,每个汉字及符号以 2 字节表示,中国大陆几乎所有中文系统和国际化的软件都支持 GB2312
Unicode	统一码	2~4	是国际组织制定的可以容纳世界上所有文字和符号的字符编码方案。Unicode 用数字 0~0x10FFFF 映射这些字符。UTF-8、UTF-16、UTF-32 都是将数字转换到程序数据的编码方案
GBK	汉字内码扩展规范	2	使用双字节编码方案,兼容 GB2312-80 标准,是 GB2312 扩展字符集,支持繁体字
UTF-8	可变长度字符编码	1~4	用来表示 Unicode 标准中的任何字符,编码中的第 1 字节与 ASCII 兼容。UTF-8 使用 1~4 字节为每个字符编码,ASCII 字符只需 1 字节编码,中文使用 3 字节编码

字节串字面值中只允许使用 ASCII 码字符,任何超出 127 的二进制值必须使用相应的转义序列形式加入字节串字面值。英文字符、数字、常用标点符号等都属于 ASCII 码字符,

其中,字节串可以使用 ASCII 码字符进行表示,比如:

```
>>> b2 = b'abc123!/'          # abc123!/都是 ASCII 码字符
>>> b2
b'abc123!/'
```

如果字节串对象的元素值超过 127,则可以使用十六进制表示元素值,比如 4 个元素值分别为 135、136、137、138,可以使用十六进制表示为 b'\x87\x88\x89\x8A',其中\x 表示十六进制,\x 后面紧跟两个十六进制数。十六进制数的数值一定要小于 256,否则会出现 ValueError 异常。示例代码如下:

```
>>> b3 = b'\x87\x88\x89\x8A'
>>> b3
b'\x87\x88\x89\x8A'
```

字节串对象的字面值中只允许使用 ASCII 码字符,如果有其他字符则会报错。比如:

```
>>> b4 = b'中国'              # 汉字不是 ASCII 码字符,所以会报错
  File "<stdin>", line 1
    b4 = b'中国'
         ^
SyntaxError: bytes can only contain ASCII literal characters
```

字节串也可以使用 bytes()内置函数进行字节串对象的创建,下面示例中使用 bytes()类方法创建了空字节串对象,并示例了创建指定长度的字节串对象方法,以及采用 range()内置函数创建字节串对象:

```
>>> b5 = bytes()              # 通过 bytes()类方法创建空字节串
>>> b5
b''
>>> b6 = bytes(10)            # 创建指定长度的字节串对象,并以零值填充
>>> b6
b'\x00\x00\x00\x00\x00\x00\x00\x00\x00\x00'
>>> b7 = bytes(range(5))      # 由 range 可迭代对象创建字节串对象
>>> b7
b'\x00\x01\x02\x03\x04'
>>>
```

字节串的字节数据可以借助于 list 转换为对应的数据列表进行显示,比如:

```
>>> b3 = b'\x87\x88\x89\x8A'
>>> list(b3)                  # 转换成列表数据
[135, 136, 137, 138]
>>> b7 = bytes(range(5))
>>> list(b7)                  # 转换成列表数据
[0, 1, 2, 3, 4]
```

3.4.2 字节串转换

1. 字节串与整数的转换

1) 整数转换为字节串

Python 3.10 新增了一种整数附加方法 to_bytes()，借助于该方法可以将一个整数对象转换为字节串对象。整数 to_bytes()方法返回表示整数的字节串，其语法格式如下：

```
int.to_bytes(length, byteorder, *, signed = False)
```

其中，length 参数是表示整数的字节个数。byteorder 参数用于表示整数的字节顺序，如果 byteorder 为"big"，则最高位字节放在字节数组的开头；如果 byteorder 为"little"，则最高位字节放在字节数组的末尾；如果使用主机系统上的原生字节顺序，可以用 sys.byteorder 作为字节顺序值。signed 参数确定是否使用二进制补码表示整数。signed 的默认值为 False。如果用法不对会引发 OverflowError 异常。

以下是 to_bytes()方法使用的示例：

```
>>> (1024).to_bytes(2, byteorder = 'big')              # 返回2字节的字节串对象
b'\x04\x00'                                             # 0x0400 = 1024
>>> (1024).to_bytes(10, byteorder = 'big')             # 返回10字节的字节串对象
b'\x00\x00\x00\x00\x00\x00\x00\x00\x04\x00'
```

2) 字节串转换为整数

from_bytes()也是 Python 3.10 新增的整数附加方法，与 to_bytes()方法的功能相反，返回由给定字节数组表示的整数，借助于该方法可以将一个字节串对象转换为整数对象。整数的 from_bytes()方法的语法格式如下：

```
int.from_bytes(bytes, byteorder, *, signed = False)
```

其中，bytes 参数必须为一个字节串对象或生成字节的可迭代对象。byteorder 参数含义同上。如果使用主机系统上的原生字节顺序，可以用 sys.byteorder 作为字节顺序值。signed 参数指明是否使用二进制补码表示整数。

以下是 from_bytes()方法使用的示例：

```
>>> int.from_bytes(b'\x00\x10', byteorder = 'big')              # 将字节串转换为整数
16
>>> int.from_bytes(b'\x00\x10', byteorder = 'little')
4096
>>> int.from_bytes(b'\xfc\x00', byteorder = 'big', signed = True)
-1024
```

其中字节串 b'\xfc\x00'可以看作以补码表示的整数，其真值需要对其求补码，该数据转换成二进制数为 1111 1100 0000 0000，求补码可得 1000 0100 0000 0000，即为十进制的

-1024。

2. 字节串与字符串的转换

借助于字节串类型和字符串类型提供的方法,可以方便地实现字节串和字符串的互相转换。字节串和字符串的转换,实际就是编码/解码的过程,必须显式地指定编码格式。

1) 字符串转换为字节串

借助于 bytes 类方法,可以将字符串转换为字节串。bytes 类方法的语法格式如下:

```
class bytes([source[, encoding[, errors]]])
```

其中,source 可以是字符串类型、整数类型或可迭代(iterable)对象,encoding 是字符串编码格式。示例代码如下:

```
>>> a = "中国"
>>> b = bytes(a, encoding = "utf-8")        # 将字符串 a 转换为字节串 b
>>> b                                        # 一个汉字占 3 字节
b'\xe4\xb8\xad\xe5\x9b\xbd'
```

字符串类型具有 encode 方法,借助于该方法也可以方便地将字符串转换为字节串,示例代码如下:

```
>>> a = "中国"
>>> b = a.encode("utf-8")                    # 将字符串 a 转换为字节串 b
>>> b                                        # 一个汉字占 3 字节
b'\xe4\xb8\xad\xe5\x9b\xbd'
```

2) 字节串转换为字符串

借助于 str 方法,可以将字节串转换为字符串,示例代码如下:

```
>>> b = b'\xe4\xb8\xad\xe5\x9b\xbd'
>>> s = str(b, encoding = "utf-8")           # 将字节串 b 转换为字符串 s
>>> s
'中国'
>>>
```

同样,借助于字节串类型的 decode 方法,也可以将字节串转换为字符串。示例代码如下:

```
>>> b = b'\xe4\xb8\xad\xe5\x9b\xbd'
>>> a = b.decode("utf-8")                    # 将字节串 b 转换为字符串 a
>>> a
'中国'
```

 知识拓展:字符串前缀 u、b、r、f

字符串前面加上前缀,可以标识字符串内的字符编码、输出格式等内容。常用的字符串前缀主要有 u、r、b、f 等。

（1）u 前缀是 Unicode 的意思，Python 3 字符串默认为 Unicode 编码，所以字符串前面加 u 前缀和不加前缀含义相同。比如下述代码中 a 和 b 分别是使用 u 前缀和不加前缀定义的字符串，二者完全相同。

```
>>> a = u'a'
>>> b = 'a'
>>> a is b
True
```

（2）b 前缀定义字节串对象，如本节前面所讲。

（3）r 前缀表示原始字符串（raw string），作用就是让字符串里的转义字符失效，字符串里出现的字符都为纯字符，无其他含义。比如下述字符串 a 中的\n 就没有了换行的含义。r 前缀多用于网络爬虫中的正则表达式。示例代码如下：

```
>>> a = r'Panda \n Monkey'
>>> print(a)
Panda \n Monkey
```

（4）f 前缀是一种字符串格式化输出形式，在字符串内支持大括号内的 Python 表达式，比如：

```
>>> score = 100
>>> print(f'小明考试得了{score}分.')
小明考试得了100分.
```

设计实践

1．标识符的合法性

标识符就是给对象取的名字。Python 中的标识符的命名规则主要为：由字母、下画线和数字组成，不能以数字开头，不能使用关键字。编写程序时，对用户输入的标识符名称的合法性进行检查，并输出判断结果。

视频讲解

2．词序倒换

对于输入的一个英语句子，编写程序将句子中的单词位置反转，已知单词之间为一个空格，示例如下：

输入：I love learning Python
输出：Python learning love I

视频讲解

3．设计练习

设计一个程序，帮助小学生练习 10 以内的减法运算，要求：随机生成减法题目并显示，

视频讲解

学生输入答案,程序根据输入的答案给出正确或错误提示,学生输入 Q 或 q 时退出程序,最后根据学生答题情况,统计正确数量及正确率。

提示：导入 random 模块,使用 random.randint(0,9)生成 10 以内的随机数。

本章小结

本章重点介绍了基本数据类型中的两种：数字类型和字符串类型。在数字类型部分,讲解了整型、浮点数类型、复数类型和布尔类型,特别强调了布尔类型中变量的两个取值：True 和 False；在字符串类型中介绍了字符串的定义,特别是三种引号的使用,格式化字符串的输出方法和对字符串的访问方法,重点讲解了有关字符串的常见操作,例如查找和替换、大小写转换、对齐控制等。通过对本章的学习,希望读者能够熟练掌握 Python 中的数字类型和字符串类型的使用。

本章习题

一、填空题

1. 在 Python 3 中,存在三种不同的数字类型：整数类型(integer)、浮点数类型(float)和复数类型(complex),_____可以看作整数的子类型。

2. Python 解释器提供了_____内置函数,用于创建一个复数或者将一个数或字符串转换为复数形式,其返回值为一个复数。

3. _____函数可以去掉字符串的两个引号,将其解释为一个变量或表达式。

4. Python 提供了许多字符串操作的内建函数,其中_____函数用于检测字符串中是否包含子串,如果包含,则返回子串开始的索引值,否则返回-1。

5. Python 所提供的字符串内建函数_____,用于检测字符串中是否包含子串,如果包含子串,则返回子串开始的索引值。

6. 要使一个整数变为浮点数,需要用_____函数转换。

7. 要使一个浮点数变为整数,需要用_____函数转换。

8. 'learn to study happily'.strip('lipy')语句的执行结果是_____。

二、选择题

1. 整数的表示中,数字中间可以增加( )符号进行连接,以增加可读性。
   A. —　　　　　　B. _　　　　　　C. …　　　　　　D. %

2. 下列选项中,Python 3 不支持的数据类型有(　　)。
   A. int　　　　　　B. float　　　　　　C. char　　　　　　D. set

3. 下列选项中,属于数字类型(Number)的是(　　)。
   A. 100　　　　　　B. 9.9　　　　　　C. 2+5j　　　　　　D. 以上都是

4. 下列选项中,可以作为转义字符使用的是(　　)。

A. /　　　　　　B. \\　　　　　　C. \　　　　　　D. %

5. 执行以下几条语句,结果为(　　)。

```
a = 'hello'
b = 'hello'
print(a == b)
print(a is b)
```

A. True,True　　B. True,False　　C. False,False　　D. False,True

6. 执行下述代码,结果为(　　)。

```
x = 2
x *= 3 + 90//7
print(x)
```

A. 18　　　　　　B. 30　　　　　　C. 15　　　　　　D. 9

7. Python 语言的格式化符号中,用来表示字符串的是(　　)。

A. %c　　　　　　B. %s　　　　　　C. %f　　　　　　D. %d

8. Python 语言的格式化符号中,用来表示十六进制整数的是(　　)。

A. %i　　　　　　B. %d　　　　　　C. %x　　　　　　D. %e

9. 下列格式化符号中,用来表示浮点实数的是(　　)。

A. %c　　　　　　B. %s　　　　　　C. %f　　　　　　D. %d

10. 下列方法中,能够返回某个子串在字符串中出现次数的是(　　)。

A. length　　　　B. index　　　　C. count　　　　D. find

三、判断题

1. 在 Python 3 中,如果整数与浮点数混合运算,结果为浮点数。(　　)
2. 整数转换为浮点数时,会自动添加一位小数。(　　)
3. 在 Python 中,整数运算和浮点数运算都不会产生误差。(　　)
4. 由于 Python 浮点数在内部存储为二进制数,因此浮点数与十六进制数的字符串之间的转换往往会导致微小的舍入错误。(　　)
5. Python 3 没有单独的字符类型,一个字符也要作为字符串进行处理。(　　)
6. Python 中字符串属于元素有序存放的一类数据,属于序列类型。(　　)
7. 在 Python 3 中,字符串可以通过索引位置重新赋值。(　　)

四、简答题

1. 简述 Python 中的数据类型有哪些。
2. 简述字符串格式化输出的方法有哪些。简要对比一下使用的异同。
3. 什么是转义字符?
4. 简述字符串索引的形式。
5. 简述字符串切片的概念。
6. 简述 eval() 函数的作用。

五、编程题

1. 编写程序,实现用户输入用户名和密码,当用户名为 user 且密码为 123 时,显示登录成功;否则显示登录失败,失败时允许重复输入三次。

2. 编写程序,对输入的一条英文语句,进行大小写字母转换,即大写字母转换成小写,小写字母转换成大写,其他不变。

3. 编写程序,对输入的一段英文语句,统计其中的单词个数。

第4章 组合数据类型
CHAPTER 4

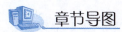 章节导图

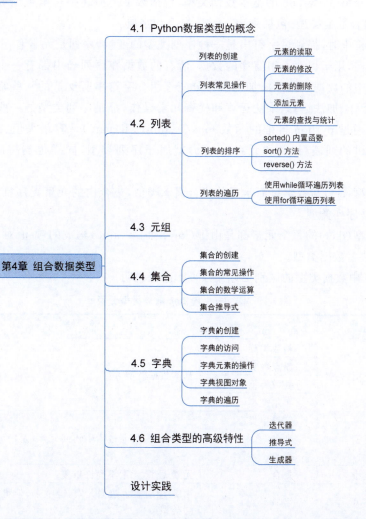

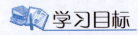

(1) 理解 Python 数据类型的概念及分类；
(2) 掌握序列类型及其常用操作；
(3) 掌握列表和元组的常见操作；
(4) 了解集合类型的特点并熟练其基础操作；
(5) 掌握字典的定义及有关操作；
(6) 理解并熟练使用推导式、生成器和迭代器。

4.1　Python 数据类型的概念

第 3 章介绍了 Python 的基本数据类型，包括数字类型和字符串类型等，本章继续讲解 Python 的组合数据类型，包括列表、元组、集合和字典。

讲解字符串时，提到过字符串是一种序列类型的变量，序列是元素有序存放且可重复的一种数据结构，用于保存一组有序的数据，所有的数据在序列当中都有一个唯一的位置（索引），且序列中的数据会按照添加的顺序分配索引。字符串所支持的一些常用操作，如索引操作、切片操作、加法运算、乘法运算和检查元素操作，都是序列类型的一些基本操作，且序列类型都能通过 python 自带的函数 max()、min() 和 len() 计算最大值、最小值和元素个数。本章所讲的列表(list)和元组(tuple)就属于序列类型，同样也支持序列类型的常用操作。

集合类型(set)与数学里面学习的集合概念类似，集合内的元素无序且不允许重复。因此，集合不是序列类型。

字典类型(dict)的每个元素都是由键(key)和值(value)构成的键-值对，键唯一，而值可重复，属于映射数据类型。

Python 中数据类型的区别可以用表 4-1 进行说明。

表 4-1　Python 数据类型分类

分　　类	数 据 类 型	特　　点
数字类型	整数类型	基本数据类型
	浮点数类型	
	复数类型	
	布尔类型	
序列类型	字符串类型	元素有序，可通过索引访问元素，元素可重复
	列表	
	元组	
集合类型	集合	元素无序，元素不允许重复
映射类型	字典	用键-值对表示数据元素，键唯一，值可重复，键可以是不同类型

实际上，在 Python 中的序列类型包含了列表、元组和 range() 序列函数，字符串被看成是文本序列类型，还有字节串和字节数组二进制序列类型，这些类型具有拼接、切片、index()、min()、max()、count() 等通用操作。假设 s 和 t 是具有相同类型的序列，n、i、j 和 k 是整数，x 是满足 s 所规定的类型和值限制的任意对象，表 4-2 给出了序列的通用操作。

表 4-2 序列的通用操作

运 算	实 现 功 能
x in s	如果 s 中的某项等于 x，则结果为 True，否则为 False
x not in s	如果 s 中的某项等于 x，则结果为 False，否则为 True
s + t	s 与 t 相拼接
s * n 或 n * s	相当于 s 与自身进行 n 次拼接
s[i]	s 的第 i 项，起始为 0
s[i: j]	s 从 i 到 j 的切片
s[i: j: k]	s 从 i 到 j，步长为 k 的切片
len(s)	s 的长度
min(s)	s 的最小项
max(s)	s 的最大项
s.index(x)	x 在 s 中首次出现项的索引号
s.count(x)	x 在 s 中出现的总次数

注意事项：序列操作

（1）range() 函数生成 range 对象，属于序列类型，但是并不支持某些通用序列操作，如 +、* 等拼接操作。

（2）拼接不改变原序列，拼接操作总是会生成新的对象。

（3）序列切片操作时，索引与步长都可以是负数，要理解含义，避免出错。

（4）切片操作通常用来读取列表中的多个元素，但不能使用切片方式同时修改多个元素的值，这样使用会报错。

4.2 列表

列表是 Python 中的一种常用数据结构，类似于 C 语言中的数组概念，但可以存储不同类型的数据。Python 中没有数组结构，许多类似 C 语言数组的操作都要借助于列表实现。列表具有可变性，可以追加、插入、删除和替换列表中的元素。

4.2.1 列表的创建

可以用多种方式构建列表：

(1) 使用一对方括号表示空列表：[]。
(2) 使用方括号，其中的项以逗号分隔：[a],[a,b,c]。
(3) 使用列表推导式：[x for x in iterable]。
(4) 使用类型的构造器：list() 或 list(iterable)。

使用方括号创建列表十分方便，也很好理解，下面是创建列表的几个示例代码：

```
>>> list1 = []                    #创建一个空列表
>>> list2 = [1,2,3]               #创建列表 list2,有三个 int 类型元素
>>> list2
[1, 2, 3]
>>> list3 = [1,'a',list2]         #list3 里面可以使用变量 list2
>>> list3
[1, 'a', [1, 2, 3]]               #list3 的元素可以是不同的类型
>>>
```

iterable 是可迭代对象，在第 3 章已经讲过。列表推导式提供了一个更简单的创建列表的方法。常见的用法是把某种操作应用于序列或可迭代对象的每个元素上，然后使用其结果创建列表。列表推导式的结构都包含在方括号内部，开始为一个表达式，紧跟一个 for 子句或 if 子句，比如：

```
>>> [x ** 2 for x in range(1,6)]               #使用推导式创建列表
[1, 4, 9, 16, 25]
>>>
```

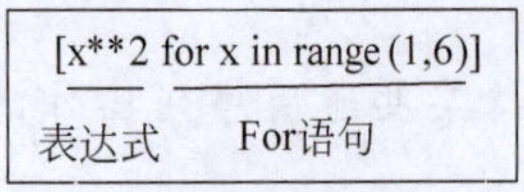

[x**2 for x in range(1,6)]	
表达式	For语句

图 4-1 列表推导式结构

上述表达式就是一个列表推导式的标准结构。如图 4-1 所示，列表推导式的方括号中，前面是一个表达式 $x**2$，后面是一个 for 循环，其实就是一个 for…in…遍历结构，遍历出来的元素送入表达式计算，得到的结果就构成了新创建列表的元素。

图 4-1 中的列表推导式可以这样理解：从 range(1,6) 序列中依次取出元素 x，计算 x 的平方，放入新创建的列表中，就得了列表[1,4,9,16,25]。

【例 4-1】 使用列表推导式创建一个 0～9 的平方列表。

```
>>> squares = [x ** 2 for x in range(10)]      #列表推导式
>>> print(squares)
[0, 1, 4, 9, 16, 25, 36, 49, 64, 81]
>>>
```

【练习 4-1】 使用列表推导式创建一个 1～10 的偶数的三次方的列表。

【练习 4-2】 已知 list1 = ['I','Love','Studying','Python']，把 list1 中所有字符串变成小写。

列表推导式的 for 循环语句后面还可以带 if 子句，用于对 for 遍历数据进行筛选，只有满足 if 子句要求的数据才能被筛选出来送给前面的表达式。

【例 4-2】 将 1～10 中所有偶数的平方组成一个列表。

示例代码如下:

```
>>> x = [x * x for x in range(1,11) if x % 2 == 0]      # 带 if 子句的列表推导式
>>> print(x)
[4, 16, 36, 64, 100]
>>>
```

使用列表构造器 list()或 list(iterable)进行列表创建时,是将一个可迭代的对象转换为列表,示例代码如下:

```
>>> list1 = list()
>>> list1
[]
>>> list2 = list(('abc123'))           # 使用 list(iterable)创建列表
>>> list2
['a', 'b', 'c', '1', '2', '3']
>>>
```

需要注意的是,使用 list()创建列表,括号里面是一个可以转换为列表的可迭代数据,否则可能会报错。

列表推导式可以嵌套,在表达式中可以有两个以上的 for…in…语句,但很少有使用三个或以上的。下面的例子是将 list1 中的全部元素与 list2 中的全部元素依次相乘,结果赋值给 list3,示例代码如下:

```
>>> list1 = [1,2,3,4]
>>> list2 = [2,5]
>>> list3 = [x * y for x in list1 for y in list2]       # 列表推导式嵌套
>>> print(list3)
[2, 5, 4, 10, 6, 15, 8, 20]
>>>
```

【练习 4-3】 分析下列列表不等式,写出得到的列表结果。

```
>>> list1 = [(x, y) for x in [1,2,3] for y in [3,1,4] if x != y]
>>> print(list1)
```

4.2.2 列表常见操作

视频讲解

列表属于序列,可以通过索引(或下标)进行元素的访问,支持索引操作、切片操作、加法运算、乘法运算和检查元素操作,索引的规则和字符串相同。

列表的访问包括列表元素的读取、修改、删除、添加等操作,下面分别进行说明。

1. 元素的读取

创建好的列表在使用时需要读取其中的元素,可以利用索引、切片的方法进行单个元素或者多个元素的访问,这种方法与字符串的访问类似,示例代码如下:

```
>>> name = ['xiaoWang', 'xiaoZhang', 'xiaoHua']
>>> print(name[0])                    # 使用索引访问
xiaoWang
>>> print(name[0:2])                  # 使用切片访问
['xiaoWang', 'xiaoZhang']
>>> name1 = name[1:3]                 # 利用切片操作实现列表复制
>>> name1
['xiaoZhang', 'xiaoHua']
```

2. 元素的修改

列表创建后,其元素的值可以通过索引进行修改,示例代码如下:

```
>>> list1 = [1,2,3]
>>> list1[1] = 10                     # 将索引为 1 的元素修改值为 10
>>> list1
[1, 10, 3]                            # 元素修改后的结果
```

3. 元素的删除

创建好的列表可以使用多种方法进行元素的删除操作,主要有 remove()、pop()、clear()三种方法,其用法如表 4-3 所示,其中 a 表示列表对象,x 表示某一元素值,i 表示元素索引。

表 4-3 列表元素删除方法

方法	用法	功能
pop	list.pop([i])	删除列表中指定位置的元素,并返回被删除的元素。未指定位置时,a.pop()方法删除并返回列表的最后一个元素。[i]表示该参数是可选的,不要求输入方括号
remove	list.remove(x)	从列表中删除第一个值为 x 的元素
clear	list.clear()	删除列表里的所有元素

1) pop()方法

pop()方法删除列表中指定位置的元素,并返回被删除的元素。未指定位置时,a.pop()方法删除并返回列表的最后一个元素,示例代码如下:

```
>>> list1 = ['A', 'B', 'C','D']
>>> list1.pop()                       # 删除最后一个元素
'D'
>>> print ("list1 = : ", list1)
list1 = : ['A', 'B', 'C']
>>> list1.pop(1)                      # 删除 index = 1 的元素
'B'
>>> print ("list1 = : ", list1)
list1 = : ['A', 'C']
>>>
```

2) remove()方法

remove()方法是从列表中删除第一个值为 x 的元素,无返回值。如果没有找到指定元

素,会触发 ValueError 异常。示例代码如下:

```
>>> list1 = ['A', 'B', 'C', 'D']
>>> list1.remove('C')              # 删除列表中值为 C 的元素
>>> print ("list1 = ", list1)
list1 = ['A', 'B', 'D']
>>>
```

3) clear()方法

clear()方法是删除列表里的所有元素,无返回值,示例代码如下:

```
>>> list1 = ['A', 'B', 'C', 'D']
>>> list1.clear()                  # 删除列表中的所有元素
>>> list1
[]
>>>
```

4) del 语句

del 语句可以用来从列表中移除切片或清空整个 Python 列表,也可以用来删除列表变量,示例代码如下:

```
>>> list1 = ['A', 'B', 'C', 'D']
>>> del list1[1:2]                 # 用 del 语句删除列表切片指定的元素
>>> print(list1)
['A', 'C', 'D']
>>> del list1[:]                   # 用 del 语句删除列表所有的元素
>>> print(list1)
[]
>>> del list1                      # 用 del 语句删除 list1 列表变量
>>> print(list1)                   # list1 对象已删除,访问 list1 会报错
Traceback (most recent call last):
    File "<stdin>", line 1, in <module>
NameError: name 'list1' is not defined
>>>
```

4. 添加元素

创建好的列表可以通过追加、插入等方式添加元素,也可以将其他列表的元素添加至列表指定位置,主要通过 append()、insert()、extend()等方法进行添加,其用法如表 4-4 所示,其中 a 表示列表对象,x 表示某一元素值,i 表示元素索引。

表 4-4 添加列表元素方法

方法	用法	功能
append	list.append(x)	在列表末尾添加一个元素
insert	list.insert(i, x)	在指定位置 i 插入元素 x
extend	list.extend(iterable)	使用可迭代对象的元素扩展列表

1) append()方法

append()方法用于在列表末尾添加一个元素,相当于 a[len(a):]=[x],语法格式如下:

```
list.append(x)
```

示例代码如下:

```
>>> list1 = [1,2,3]
>>> list1.append(6)                    # 末尾追加元素 6
>>> list1
[1, 2, 3, 6]
>>> list1[len(list1):] = [8]           # 末尾追加元素 8
>>> list1
[1, 2, 3, 6, 8]
>>>
```

2) insert()方法

insert()方法在指定位置插入元素,其语法格式如下:

```
list.insert(i, x)
```

其中,第一个参数是插入元素的索引,因此,a.insert(0,x) 在列表开头插入元素;a.insert(len(a),x) 等同于 a.append(x),在列表末尾追加元素。其用法可以参考以下代码:

```
>>> list1 = ['rice', 'meat', 'water']
>>> list1.insert(1, 'milk')            # 在索引 = 1 的位置插入元素 'milk'
>>> print ('列表插入元素后为 : ', list1)
列表插入元素后为 : ['rice', 'milk', 'meat', 'water']
>>>
```

3) extend()方法

extend()方法将可迭代对象的元素扩展在列表中,相当于 a[len(a):] = iterable,语法格式为:

```
list.extend(iterable)
```

iterable 是可迭代变量,可以是字符串、列表、元组、集合、字典等可迭代数据类型,如果是字符串,则将字符串中的每一个元素扩展到列表的末尾;如果是字典类型,则只是将字典的键作为元素依次添加至原列表的末尾,示例代码如下:

```
>>> list1 = ['baidu', 'a', 'b']
>>> list2 = list(range(3))
>>> str1 = "abc"
>>> list1.extend(list2)                # 将 list2 元素扩展到 list1 末尾
>>> print(list1)
```

```
['baidu', 'a', 'b', 0, 1, 2]
>>> list1.extend(str1)          # 将"abc"元素扩展到 list1 末尾
>>> print(list1)
['baidu', 'a', 'b', 0, 1, 2, 'a', 'b', 'c']
>>>
```

【例 4-3】 已知列表 list1 为[3,8,2,9,6,6,5,3,7,1,9,8,7],利用列表推导式编写程序,删除列表 list1 中存在的重复元素。

代码如下:

```
>>> list1 = [3, 8, 2, 9, 6, 6, 5, 3, 7, 1, 9, 8, 7]
>>> list2 = [ ]
>>> [list2.append(i) for i in list1 if i not in list2]
>>> print(list2)
[3, 8, 2, 9, 6, 5, 7, 1]
>>>
```

5. 元素的查找与统计

可以借助于成员运算符 in 和 not in 查找列表中是否存在某个元素,也可以借助于 index()方法和 count()方法实现。index()方法和 count()方法的功能,如表 4-5 所示。

表 4-5 查找列表元素

方法	用法	功能
index	list.index(x[,start[,end]])	从列表中找出某个值的第一个匹配项的索引位置
count	list.count(x)	统计某个元素在列表中出现的次数

1) index()方法

index()方法用于从列表中找出某个值的第一个匹配项的索引位置,其调用格式如下:

```
list.index(x[, start[, end]])
```

其中,x 是要查找的对象,start 和 end 可选。如果给出表明查找的起始位置和结束位置,则返回查找对象的索引位置;如果没有找到对象则抛出异常,示例代码如下:

```
>>> list1 = ['a', 'b', 'c', 'a', 'd']
>>> print ('找到a索引值为', list1.index('a',1))      #从指定位置开始搜索
找到a索引值为 3
>>>
```

可以看出,从索引位置 1 开始搜索,找到的是第二个 a 元素,返回其索引值 3。

2) count()方法

count()方法用于统计某个元素在列表中出现的次数,其调用格式如下:

```
list.count(x)
```

其中,x 是要统计的对象,返回元素在列表中出现的次数,示例代码如下:

```
>>> aList = [123, 'baidu', [1,2], 123, [1,2]];
>>> print ("123 元素个数：", aList.count(123))
123 元素个数：2
>>> print ("[1,2]元素个数：", aList.count([1,2]))
[1,2]元素个数：2
>>>
```

视频讲解

4.2.3 列表的排序

列表的排序是指将列表中的元素按照某种规则进行排序，比如按照元素的取值进行升序、降序等排列，或者对列表进行逆序排列等。Python 提供的列表排序方法主要有 sort() 方法、reverse() 方法和 sorted() 内置函数，表 4-6 给出了这三种方法和函数的功能。

表 4-6 列表的排序

方法	用法	功能
sorted	sorted(iterable, key = None, reverse = False)	用于可迭代数据类型的排序，根据 iterable 中的项返回一个新的已排序列表，原列表不变
sort	list.sort(key=None, reverse=False)	用于对原列表进行排序，返回 None
reverse	list.reverse()	翻转列表中的元素，返回 None

1. sorted() 内置函数

sorted() 是 Python 的内置函数，用于可迭代数据类型的排序，根据 iterable 中的项返回一个新的已排序列表，其使用格式如下：

```
sorted(iterable, key = None, reverse = False)
```

其中，key 和 reverse 是可选参数，key 默认为 None，直接比较 iterable 元素，当为 key 指定带有单个参数的函数时，对指定可迭代对象中的元素进行排序，例如 key＝str.lower。示例代码如下：

```
>>> list1 = [[9,8,7,6],'abc','A','12','9']
>>> sorted(list1)
Traceback (most recent call last):
  File "<stdin>", line 1, in <module>
TypeError: '<' not supported between instances of 'str' and 'list'
>>> sorted(list1,key = len)
['A', '9', '12', 'abc', [9, 8, 7, 6]]
>>>
```

以上代码中，list1 的元素既有字符串，也有列表，使用不带参数的 sorted() 进行排序会报错，因为字符串与列表没法进行比较。使用 key＝len 参数进行排序便可以进行，此处的 len 是 len() 函数，是对 list1 中的元素按照元素的长度进行排序。可以认为 key 是某个函数类型，用来支持自定义的排序方式。

sorted()中,reverse 参数是一个布尔值,默认为 False,进行升序排列;如果 reverse 为 True,则进行降序排列。示例代码如下:

```
>>> s1 = ['a','b','e','c','k']
>>> sorted(s1)                    # 升序排列
['a', 'b', 'c', 'e', 'k']
>>> sorted(s1,reverse = True)     # 降序排列
['k', 'e', 'c', 'b', 'a']
>>>
```

2. sort()方法

sort()方法用于对原列表进行排序,返回 None,其语法格式如下:

```
list.sort( * , key = None, reverse = False)
```

其中,key 是用来进行比较的元素,只有一个参数,具体的函数的参数就取自于可迭代对象,指定可迭代对象中的一个元素进行排序。reverse 是排序规则,默认是 False,表示升序排列;如果 reverse = True,则进行降序排列。

sort()方法的用法与内置函数 sorted()用法类似,sort()方法的示例代码如下:

```
>>> list1 = ['A', 'C', 'R', 'G']
>>> list1.sort()                  # 默认升序排列
>>> print ( "list 1 = ",list1)
list1 = ['A', 'C', 'G', 'R']
>>>
```

下面的代码实现了针对几个列表元素,分别按照第二个元素和第一个元素对这几个列表进行排序,排序后形成一个新的列表,如下所示:

```
>>> def takeSecond(elem):                 # 获取列表的第二个元素
... return elem[1]
...
>>> list1 = [1,2]                         # 列表
>>> list2 = [2,5]
>>> list3 = [5,3]
>>> list4 = [3,6]
>>> list = [list1,list2,list3,list4]
>>> list.sort(key = takeSecond)           # 按照第二个元素升序排列
>>> print("第二个元素升序排列:", list)
第二个元素升序排列: [[1, 2], [5, 3], [2, 5], [3, 6]]
>>> list.sort(reverse = True)
>>> print("第一个元素降序排列:", list)    # 按照第一个元素降序排列
第一个元素降序排列: [[5, 3], [3, 6], [2, 5], [1, 2]]
>>>
```

本例中,前两行编写了自定义函数 takeSecond(elem),用于获取列表对象的第二个元素,列表 list 里面包含了四个列表元素,下面的排序实现了按照列表元素第二个元素升序排

列和按照第一个元素的降序排列操作。

sort()方法和sorted()内置函数在使用时存在一些区别，主要表现在以下几点：

（1）sort()是应用在list上的方法，而sorted()是一种内置函数，可以对所有可迭代的对象进行排序操作。

（2）list的sort()方法是对已经存在的列表进行操作，内置函数sorted()返回的则是一个新的list，而不是在原列表的基础上进行操作。

（3）用sort()方法对列表排序时会影响列表本身，而sorted()函数会生成新列表，原列表不变。

3. reverse()方法

reverse()方法实现列表中元素的反向输出，无参数，无返回数据，示例代码如下：

```
>>> list1 = ['A','C','B','D']
>>> list1.reverse()
>>> print ("list1 = ", list1)
list1 = ['D', 'B', 'C', 'A']
>>>
```

4.2.4 列表的遍历

在第2章的for循环章节中，讲到了序列数据类型的遍历。列表属于序列类型，支持序列相关的遍历操作，借助于遍历可以方便地完成一些列表操作，比如将一个列表的值与另一个列表相乘，将一个列表的元素追加到一个空列表中，针对每个列表元素进行某种运算等。

遍历列表可以借助于while循环或for循环实现，其中for循环遍历比较方便，代码量少，应用最为广泛。下面是列表遍历的典型操作方法。

1. 使用while循环遍历列表

使用while循环遍历列表时，需要先获取列表的长度，将获取的列表长度作为循环的条件，示例代码如下：

```
# 打印列表中的每个元素
# list_ex10.py
names_List = ['xiaoWang','xiaoZhang','xiaoHua']
length = len(names_List)
i = 0
while i < length:
    print(names_List[i], end = " ")
    i += 1
```

执行结果如下：

```
xiaoWang xiaoZhang xiaoHua
```

2. 使用 for 循环遍历列表

使用 for 循环遍历列表的示例代码如下：

```
#Example4.1 打印列表中的每个元素
names_List = ['xiaoWang','xiaoZhang','xiaoHua']
for name in names_List:
    print(name,end=" ")
```

执行结果如下：

```
xiaoWang xiaoZhang xiaoHua
```

该例中仅用两行代码，便完成了遍历操作，比 while 循环更为简洁。需要注意的是，在对列表进行遍历时，最好不要对元素进行增删操作，因为增删元素会使元素的索引发生改变，容易出现问题。

【例 4-4】 已知 list1＝[3,4,4,5,5,9,6,9,10,100,9,8,3]，编写程序，删除列表 list1 中存在的重复元素。

代码如下：

```
#Example4.2 删除列表重复元素
list1 = [3, 4, 4, 5, 5,9 ,6, 9,10,100,9,8,3]
list2 = [ ]
for i in list1:
    if i not in list2:
        list2.append(i)
print(list2)
```

知识拓展：不可变数据类型和可变数据类型

Python 中的数据都可以看成是对象，对象的 id 属性标志着该对象的身份，有些对象数值发生变化之后其 id 也会发生变化；而另一些数据类型数值发生变化之后其 id 却没有变化，比如：

```
>>> a = 1
>>> id(a)
1879988895984           #a = 1 时 a 的 id 值
>>> a = 2
>>> id(a)
1879988896016           #a = 2 时 a 的 id 值，id 发生了变化
>>> list1 = [1,2,3]
>>> id(list1)
1879990238976           #list1 = [1,2,3]的 id 值
>>> list1[0] = 9
>>> list1
```

```
[9, 2, 3]                    #list1 的值修改为[9,2,3]
>>> id(list1)
1879990238976                #list1 发生变化之后,id 值没有变化
>>>
```

可以看出,整数变量 a 数值发生变化时,其 id 值随之发生了变化,而列表型变量数值发生变化时 id 却没有变化。在 Python 中整数类型属于不可变数据类型,如数字类型、字符串、元组等,其 id 值随数据变化而变化;而列表、集合和字典就属于可变数据类型,其 id 值不随数据变化而变化。Python 中,对象的 id 值通常代表对象的地址,地址变化说明其对应的存储区域也发生了变化。

4.3 元组

视频讲解

元组(tuple)是一种不可变序列,一旦创建就不能修改。元组中的元素可以是任何类型,按照下标进行索引。元组采用 tuple 或()进行创建,有以下几种创建形式:

(1) 使用一对圆括号()表示空元组,示例如下:

```
>>> tuple1 = ()
>>> tuple1
()
```

(2) 使用一个后缀的逗号表示单元组,如 a,或 (a,),示例如下:

```
>>> tuple2 = "ab",              # 结果为('ab',)
>>> tuple3 = ("abc",)            # 结果为('abc',)
>>> print(tuple3)
```

(3) 使用以逗号分隔的多个项,如 a,b,c 或(a,b,c),示例如下:

```
>>> tuple4 = "a","b"             # 结果为('a', 'b')
>>> tuple5 = (1,2,3)             # 结果为(1, 2, 3)
```

(4) 使用内置的 tuple(),如 tuple() 或 tuple(iterable),示例如下:

```
>>> tuple6 = tuple()             # 结果为()
>>> tuple7 = tuple(range(3))     # 结果为(0, 1, 2)
```

当创建的元组里面的元素只有一个时,就需要在元素后面加上一个逗号,否则会创建成其他类型,如下所示:

```
>>> t1 = ("a")                   # 结果为 t1 = "a",为字符串类型
>>> t1
'a'
```

```
>>> t2 = (6)              # 结果为 t2 = 6,为整数类型
>>> t2
6
```

元组的操作与列表类似,可以看成是不可改变的列表。元组与列表的区别主要为:
(1) 元组使用小括号,而列表使用方括号。
(2) 元组不能被改变,即元组的元素是不可被修改,适用于列表的与元素修改、添加、删除、排序等相关的方法或函数都不能应用到元组操作,其他的使用方法与列表相同。
(3) 元组可以作为字典的键值,而列表不可以,因为字典的键值也不能改变。元组支持＋、*、min()、max()、len()等不修改元组内容的操作。
(4) 列表推导式返回的是列表,元组推导式返回的则是生成器(generator),生成器的概念参见 4.6.3 节。

下面是元组的索引及切片使用示例:

```
>>> tuple = ('hello',100,9.8)
>>> print(tuple[0])
hello
>>> print(tuple[1:3])         # 索引 3 超出右边界,切片到最后单元
(100, 9.8)
>>> print(len(tuple))         # 求取元组的元素个数
```

下面的代码实现了对元组元素的访问:

```
>>> tuple1 = (1, 2, 3, 4, 5)
>>> for num in tuple1:        # 遍历 tuple1
... print(num,end=" ")
...
1 2 3 4 5                     # 遍历结果
```

4.4 集合

集合是由不重复元素组成的无序数据类型,集合中的元素没有索引和位置的概念。集合不属于序列类型,序列的相关操作也不适用于集合。集合对象支持合集、交集、差集、对称差分等数学运算。借助于集合,可以方便地对数据进行消除重复元素、成员检测等工作。

4.4.1 集合的创建

集合的创建需要使用大括号({})或 set()函数。下面分别介绍这两种创建方法。
1. 使用 set()函数创建集合
使用 set()函数创建集合,只能使用一个参数或不使用参数。如果不使用参数则创建空集合;如果使用一个参数,则参数必须是字符串或列表等可迭代类型的参数,可迭代类型对

视频讲解

象的元素将生成集合的成员。创建集合的示例代码如下:

```
>>> set1 = set()                  # 创建空集合
>>> print(set1,type(set1))
set() <class 'set'>
>>> set2 = set("data set")        # 借助于字符串创建集合
>>> print(set2,type(set2))
{'t', 's', ' ', 'd', 'e', 'a'} <class 'set'>
>>>
```

2. 使用{}创建集合

使用{}创建集合,需要直接列出集合中的元素,元素之间用逗号分隔,其中的元素类型可以不同,重复的元素仅保留一个,示例代码如下:

```
>>> data_set = {1,1,"a","bc"}              # 使用{}创建集合
>>> data_set
{1, 'bc', 'a'}
>>>
```

需要注意的是,使用{}不能创建空集合,因为后面要讲的字典也是使用{}表示,如果{}里面为空,则默认创建的是空字典。如下所示:

```
>>> a = {}                  # {}默认不是创建集合类型,创建的是空字典
>>> print(a,type(a))
{} <class 'dict'>
>>>
```

可以看到,集合具有以下属性:
(1) 集合是0个或多个元素的无序组合。
(2) 集合是可变的,可以很容易地向集合中添加或移除元素。
(3) 集合中的元素只能是整数、浮点数、字符串等基本数据类型,也可以包含元组。
(4) 集合中的元素是无序的,没有索引或位置的概念。
(5) 集合中的任何元素都不重复。

4.4.2 集合的常见操作

视频讲解

集合是可变的,借助于Python集合的内置方法可以动态地添加、删除集合中的元素,常用的方法如表4-7所示,其中 s 为集合,x 是其中的元素。

表4-7 集合常用方法

方法	功能	调用格式
add()	将元素 x 添加到集合 s 中,如果元素已存在,则不进行任何操作	s.add(x)
clear()	移除集合中的所有元素	s.clear()

续表

方　　法	功　　能	调用格式
copy()	复制一个集合	s.copy()
discard()	将元素 x 从集合 s 中移除,如果元素不存在,则不会发生错误	s.discard(x)
pop()	随机删除集合中的一个元素	s.pop()
remove()	将元素 x 从集合 s 中移除,如果元素不存在,则会发生错误	s.remove(x)
update()	给集合添加元素,x 可以有多个参数,用逗号分开,参数可以是列表,元组,字典等	s.update(x)

这些方法的使用类似于前面章节中一些方法的调用,示例如下:

```
>>> set1 = {"a","b","c"}          #创建集合 set1
>>> set1.add("d")                 #添加一个元素
>>> set1
{'c', 'd', 'a', 'b'}
>>> set1.update([1,2])            #将列表[1,2]中的元素加入集合
>>> set1
{'c', 1, 2, 'b', 'd', 'a'}
>>> set1.remove(1)                #删除元素 1
>>> set1
{'c', 2, 'b', 'd', 'a'}
>>> set1.pop()                    #随机删除一个元素
'c'
>>> set1
{2, 'b', 'd', 'a'}
>>> set1.clear()                  #将集合清空
>>> set1
set()
>>>
```

4.4.3 集合的数学运算

集合对象支持合集、交集、差集、对称差分等数学运算。具体实现可以参见以下代码:

```
>>> a = set('abracadabra')
>>> b = set('alacazam')
>>> a                    # 集合 a 的元素不重复
{'a', 'r', 'b', 'c', 'd'}
>>> a - b                # 取集合 a 与集合 b 的差集
{'r', 'd', 'b'}
>>> a | b                # 取集合 a 和集合 b 的并集
{'a', 'c', 'r', 'd', 'b', 'm', 'z', 'l'}
>>> a & b                # 取集合 a 和集合 b 的交集
{'a', 'c'}
```

4.4.4 集合推导式

类似于列表推导式,集合也可以借助于推导式进行创建。集合推导式用法类似于列表

视频讲解

推导式,也是由 for…in…语句及 if 语句构成,区别在于列表推导式需要用方括号[],而集合推导式需要用大括号{},参见下面的示例程序:

```
>>> {x ** 2 for x in range(1,6)}        # 使用推导式创建集合
{1, 4, 9, 16, 25}
>>>
```

【例 4-5】 已知 list1 = [3,3,3,4,5,3],试借助于集合方法去除列表中的重复元素。
本例可以将列表转换为集合,再转换为列表,完成列表的去重,示例代码如下:

```
>>> list1 = [3,3,3,4,5,3]
>>> set1 = set(list1)                   # 转换成集合,去除重复元素
>>> print(set1)
{3, 4, 5}
>>> new_list = list(set1)               # 集合再转换为列表
>>> print(new_list)
[3, 4, 5]
```

4.5 字典

在 Python 语言中,字典属于映射类型,字典用{}表示,按照"key:value"组织字典中的元素,其中 key 是键,value 是值,字典就代表了从键到值的映射关系。字典不属于序列,更像是一种键-值对的集合,但字典的键必须是唯一的,可以通过键查找到其所对应的值。键通常是字符串或数字,也可以是其他任意不可变类型,或只包含字符串、数字、元组等不可变对象的元组。

视频讲解

4.5.1 字典的创建

字典的每个键和值之间用冒号(:)分隔形成键-值对,每个键-值对使用逗号(,)分隔,整个字典包括在大括号({})中,格式如下:

```
d = {key1:value1, key2:value2, ……, keyn:valuen}
```

字典可用多种方式创建,常用的字典创建方法主要有以下 3 种:

1. 使用{}创建字典

使用{}创建字典时,{}内以逗号分隔键-值对,示例如下:

```
>>> {'yuwen':98, 'shuxue':100}
{'yuwen': 98, 'shuxue': 100}
>>> {'name':'xiaoming','age':20}
{'name': 'xiaoming', 'age': 20}
>>>
```

2. 使用字典推导式创建字典

借助于 for 循环可以使用字典推导式创建字典，比如：

```
>>> {x: x ** 2 for x in range(10)}
{0: 0, 1: 1, 2: 4, 3: 9, 4: 16, 5: 25, 6: 36, 7: 49, 8: 64, 9: 81}
>>>
```

3. 使用类型构造器创建字典

使用字典类型构造器 dict() 可以创建字典，不带参数可以创建空字典，带赋值参数或由元组组成的列表参数则可以自动识别键-值对进行创建，示例如下：

```
>>> dict()                    # 创建空字典
{}
>>> dict([('foo', 100), ('bar', 200)])
{'foo': 100, 'bar': 200}
>>> dict(foo = 100, bar = 200)
{'foo': 100, 'bar': 200}
>>>
```

作为演示，以下示例使用六种方法创建字典，都具有相同的效果，返回的字典均等于 {"one": 1, "two": 2, "three": 3}，示例如下：

```
>>> a = {'one': 1, 'two': 2, 'three': 3}
>>> b = dict(one = 1, two = 2, three = 3)
>>> c = dict(zip(['one', 'two', 'three'], [1, 2, 3]))
>>> d = dict([('two', 2), ('one', 1), ('three', 3)])
>>> e = dict({'three': 3, 'one': 1, 'two': 2})
>>> f = dict({'one': 1, 'three': 3}, two = 2)
>>> a == b == c == d == e == f
True
```

其中一种方法用到了 zip() 函数，该函数将可迭代的对象作为参数，将对象中对应的元素打包成一个个元组，然后返回由这些元组组成的列表，与 dict() 函数结合，可以创建字典对象。

4. 动态创建字典

创建字典时，还可以先创建一个空字典，然后动态添加键-值对元素，从而实现动态创建字典的过程，示例代码如下：

```
>>> dict1 = {}                # 创建空字典
>>> dict1['a'] = 1            # 动态增加字典元素
>>> dict1['b'] = 2;
>>> dict1['c'] = 3
>>> print(dict1)
{'a': 1, 'b': 2, 'c': 3}
>>>
```

字典不同于其他数据类型，是一种映射类型，具有自身的一些特性，在使用时需要注意

以下几点:
(1) 字典是一种可变容器模型,可存储任意类型对象。
(2) 键必须是唯一的,值则不必。
(3) 值可以取任何数据类型,但键必须是不可变的,如字符串、数字或元组。
(4) 字典可以看成是元素成对构成的集合,不是序列类型。
(5) 搜索字典时,首先查找键,从而获得该键对应的值。
(6) 字典中的键不按顺序存放,是无序的,便于实现快速搜索。

视频讲解

4.5.2 字典的访问

字典的访问主要是根据键访问其对应的值,下面是主要的访问方式:

1. 根据键访问值

根据字典的键访问值,主要格式为 d[key],返回字典 d 中以 key 为键的项,示例代码如下:

```
>>> dict1 = {'name': 'lixiao', 'id': 20220101, 'age':18}
>>> print(dict1['age'])                  #访问"age"键的值
18
>>>
```

如果字典中不存在要访问的 key 则会引发 KeyError 异常。

2. 使用 get()方法访问

如果不确定字典中是否存在某个键,还想尝试进行访问,可以使用 get()方法,如果键不存在则返回 None。也可以设置访问的键不存在时的反馈值,具体示例如下:

```
>>> info = {'name': '张三', 'age': 18, 'weight':60}
>>> name = info.get("name")              # 访问"name"键的值,"name"键存在
>>> print(name)
张三
>>> gender = info.get('gender')          # 访问"gender"键的值,"gender"不存在
>>> print(gender)
None
>>> grades = info.get('grades',1)        # "grades"键不存在,返回默认值 1
>>> print(grades)
1
```

视频讲解

4.5.3 字典元素的操作

字典元素的操作主要包括修改元素、添加元素和删除元素等操作。

1. 修改字典的元素

字典元素的修改可通过为对应字典元素的键赋值的方法,具体示例如下:

```
>>> student_info = {'name':'张三','id':100,'gender':'f','weight':65}
>>> newID = input('请输入新的 id:')
请输入新的 id:101
>>> student_info['id'] = int(newID)              # 修改当前 id 键的值
>>> print('修改之后的 id 为:%d'% student_info['id'])
修改之后的 id 为:101
>>>
```

dict 类型的对象也支持 update()方法,该方法使用来自其他字典类型对象的键-值对更新当前字典对象,覆盖原有的键,并返回 None。

update()方法的用法如下:

```
update([other])
```

其中,other 可以是另一个字典对象,也可以是一个包含键-值对的可迭代对象,下面是使用 update()方法的简单示例:

```
>>> dishes = {'eggs': 2, 'sausage': 1}
>>> dishes.update(eggs = 6)              # 修改当前 eggs 的值为 6
>>> dishes
{'eggs': 6, 'sausage': 1}
>>> dishes.update(apples = 10,bananas = 20)    # 不存在的键会添加
##也可以用字典:dishes.update({"red":1, "blue":2})
>>> dishes
{'eggs': 6, 'sausage': 1, 'apples': 10, 'bananas': 20}
>>>
```

2. 字典元素的添加

添加字典元素同样可以使用为键赋值的方式,即 d[key]=value 的形式,如果 key 不存在,则会在字典中添加一个新的元素,示例代码如下:

```
>>> student_info = {'name':'张三','gender':'f','weight':65}
>>> newID = input('请输入新的 id:')
请输入新的 id:100
>>> student_info["id"] = int(newID)              # id 键不存在,会添加
>>> student_info
{'name': '张三', 'gender': 'f', 'weight': 65, 'id': 100}
>>>
```

如果添加的键已经存在,那么字典中该键对应的值会被新值替代;如果不存在则添加该键与值。

3. 字典元素的删除

创建好的字典可以使用多种方法进行删除操作,主要有 clear()、pop()、popitem()等方法,以及 del()函数等,其用法如表 4-8 所示,其中 d 表示字典对象,key 为键。

表 4-8 字典元素的删除

方法	用法	功能
clear	d.clear()	移除字典中的所有元素
pop	d.pop(key[,default])	如果 key 存在则将其移除并返回其值,否则返回 default;如果未给出 default 且 key 也不存在,则会引发 KeyError 异常
popitem	d.popitem()	从字典中移除一个键-值对并返回其值。键-值对会按 LIFO 的顺序被返回
del	del d[key]	将 d[key]从 d 中移除。key 不存在会引发 KeyError

示例代码如下:

```
>>> d = {'one': 1, 'two': 2, 'three': 3, 'four':4}
>>> d.pop('one')               # 移除 key = 'one'的元素
1                              # 返回 key = 'one'的值
>>> d
{'two': 2, 'three': 3, 'four': 4}
>>> d.popitem()                # 按照 LIFO 顺序移除一个元素
('four', 4)
>>> d
{'two': 2, 'three': 3}
>>> d.clear()                  # 清除所有元素
>>> d
{}
>>> del d                      # 删除对象
>>> d
Traceback (most recent call last):
    File "<stdin>", line 1, in <module>
NameError: name 'd' is not defined.
>>>
```

字典会保留插入时的顺序,对键的更新不会影响顺序,删除并再次添加的键将被插到末尾。在 popitem()方法删除操作中,LIFO 原则是指后进先出原则,后创建的元素会被优先删除,这个删除原则是在 Python 3.7 版本之后添加的。popitem()方法适用于对字典进行消耗性的迭代,这在集合算法中经常被使用。如果字典为空,调用 popitem()方法将引发 KeyError 异常。

del()函数既可以删除字典中的某个元素,也可以用于删除字典对象,删除后字典对象就完全不存在了,无法再根据键访问。

视频讲解

4.5.4 字典视图对象

字典视图对象是由 dict.keys()、dict.values()和 dict.items()语句返回的对象,该对象提供字典条目的一个动态视图,当字典改变时,视图也会相应改变。字典视图可以被迭代以产生与其对应的数据,并支持成员检测。

使用字典视图对象进行字典中键-值对的字典元素(item)、键(key)及值(value)的访问及处理,都会用到字典的 dict_keys、dict_values 和 dict_items 这三个字典视图对象,下面的代码中进行了演示。可以看到三个字典视图对象的数据类型分别是 dict_items、dict_keys 和 dict_values,分别对应相关的取值列表。

```
>>> dishes = {'eggs': 2, 'sausage': 1, 'bacon': 1}
>>> items = dishes.items()            # 键-值对
>>> keys = dishes.keys()              # 键
>>> values = dishes.values()          # 值
>>> print(dishes)
{'eggs': 2, 'sausage': 1, 'bacon': 1}
>>> print(items)
dict_items([('eggs', 2), ('sausage', 1), ('bacon', 1)])
>>> print(keys)
dict_keys(['eggs', 'sausage', 'bacon'])
>>> print(values)
dict_values([2, 1, 1])
>>>
```

4.5.5 字典的遍历

在字典中同样可以使用成员关系运算符 in 和 not in 进行成员关系的判断,对字典进行遍历。字典的遍历可结合字典的视图对象进行,可以进行键、值及键-值对的遍历。

1. 遍历字典的键(key)

示例代码如下:

```
#Example4.3 遍历字典 key
dict = {'Name':'XiaoMing','Age':7}
for key in dict.keys():               # 遍历字典的键
    print(key,end = ", ")
```

执行结果如下:

```
Name, Age,
```

2. 遍历字典的值(value)

将字典的语句 dict.keys()改为 dict.values()就可以实现字典的值的遍历,示例代码如下:

```
#Example4.4 遍历字典 value
dict = {'Name':'XiaoMing','Age':7}
for value in dict.values():           # 遍历字典 value
    print(value,end = ", ")
```

执行结果如下:

```
XiaoMing, 7,
```

3. 遍历字典的键-值对

遍历字典的键-值对，也就是遍历字典的元素（item）。将字典的视图对象改为 dict.items() 就可以实现字典键-值对的遍历，示例代码如下：

```
# Example4.5 遍历字典键-值对
dict = {'Name':'XiaoMing','Age':7}
for item in dict.items():              # 遍历键-值对
    print(item,end = ", ")
```

执行结果如下：

```
('Name', 'XiaoMing'), ('Age', 7),
```

4.6 组合类型的高级特性

Python 中，组合类型具有推导式、生成器、迭代器等高级用法或类型，在前面的讲述中，有些概念已经有所提及，下面进行详细讲解。

4.6.1 迭代器

视频讲解

迭代就是在可迭代对象上的循环遍历操作。对可迭代对象进行迭代的过程中，每迭代一次都会返回被迭代对象的下一条数据。

迭代器（iterator）是在迭代的基础上定义的一种可迭代对象。可以把迭代器理解为能够记住遍历位置的对象，它不会像列表那样一次性全部生成，而是可以等到用的时候才逐条生成，因此可以节省大量的内存资源。

迭代器支持 iter() 和 next() 两种函数操作。

（1）iter(iterable)：从可迭代对象中返回一个迭代器。

（2）next(iterator)：从 iterator 中获取下一条记录。如果无法获取下一条记录，则触发 StopIteration 异常。

字符串、列表、元组、字典、集合、range 等都是可迭代的对象，对于可迭代对象都可以使用 iter() 函数创建迭代器，并可以借助 next() 函数获取迭代器的下一条记录，如下所示：

```
>>> list1 = ["北京", "上海"]
>>> iter1 = iter(list1)                # 使用 iter() 函数创建迭代器对象
>>> type(iter1)                        # 返回迭代器类型
<class 'list_iterator'>
>>> next(iter1)
'北京'
>>> next(iter1)
'上海'
>>> next(iter1)                        # 没有下一个元素时,返回 StopIteration 异常
Traceback (most recent call last):
```

```
    File "<stdin>", line 1, in <module>
StopIteration
```

上述示例中使用 iter()函数创建了一个名为 iter1 的迭代器对象,使用 next()函数获取 iter1 变量中的元素。当到达 iter1 变量末尾时,执行 next()函数会返回 StopIteration 异常。

迭代器对象是可迭代对象,支持 next()函数操作,但字符串、列表、元组、字典、集合、range 等对象都是可迭代对象,却不是迭代器,不支持 next()函数操作,参见如下示例代码:

```
>>> iter2 = iter(range(10))              # 使用 range 创建迭代器对象
>>> type(iter2)                           # iter2 是一种迭代器
<class 'range_iterator'>
>>> next(iter2)                           # iter2 支持 next()函数操作
0
>>>
>>> next(range(10))                       # range(10)不是迭代器,不支持 next()函数操作
Traceback (most recent call last):
    File "<stdin>", line 1, in <module>
TypeError: 'range' object is not an iterator
```

上述示例中,iter2 是利用 range(10)语句创建的迭代器对象,可以使用 next()函数获取数据,但使用 next()函数直接获取 range(10) 语句中的数据时会返回 TypeError 异常,提示 range(10)不是迭代器类型。

与判断某个对象是否可迭代类似,可以使用 isinstance()函数判断一个对象是否为迭代器,如下所示:

```
>>> from collections.abc import Iterator
>>> isinstance(range(10),Iterator)              # range(10)不是迭代器
False
>>> iter2 = iter(range(10))                     # 使用 range 创建迭代器对象
>>> isinstance(iter2,Iterator)                  # iter2 是迭代器
True
>>> isinstance([x for x in range(10)],
    Iterator)                                   # [x for x in range(10)]不是迭代器
False
>>> isinstance((x for x in range(10)),
    Iterator)                                   # (x for x in range(10))是迭代器
True
```

从上述代码可以看出,[x for x in range(10)]是列表推导式,不是迭代器;而(x for x in range(10))是迭代器,因为(x for x in range(10))是一种生成器对象,在后面会讲到。

对于序列类型的列表或元组,可以通过 for 循环进行元素的遍历,这种遍历称为迭代(Iteration)。对于 dict 类型的对象,可以借助于三个字典视图对象 dict.keys()、dict.values()和 dict.items()分别进行字典的键、值和元素的迭代。

某个对象是否可迭代,可以通过 collections 模块的 Iterable 类型判断。下面的代码可以显示出列表中的可迭代元素:

```
#Example4.6 迭代判断
from collections.abc import Iterable
p = [2,[1,2,3,4], (1,2,3), set([1,2,3]),{"a":1,"b":2}]
for x in p:
    if isinstance(x, Iterable):          # 显示列表中的可迭代元素
        print(x)
```

执行结果如下：

```
[1, 2, 3, 4]
(1, 2, 3)
{1, 2, 3}
{'a': 1, 'b': 2}
```

Python 中还提供了一个 enumerate() 内置函数，可以实现类似 Java 的下标循环。enumerate() 函数可以把 list 变成索引和元素对的形式，在 for 循环中同时对索引和元素进行迭代，示例代码如下：

```
#Example4.7 enumerate()函数示例
p = [2,[1,2],"a",(1,2,3)]
for i,value in enumerate(p):             # 显示列表的元素索引和元素
    print(i,value)
```

执行结果如下，可以方便地获取和显示列表元素及索引：

```
0 2
1 [1, 2]
2 a
3 (1, 2, 3)
```

视频讲解

4.6.2 推导式

推导式（comprehensions）又称解析式，是 Python 的一种独有特性。推导式是可以从一个数据序列构建另一个新的数据序列的结构体，Python 中对列表、集合和字典都可以使用推导式，列表和集合的推导式在前面章节已经讲过。

字典推导式和列表推导式的使用方法类似，字典推导式可以利用可迭代对象中的元素构建字典，用任意键-值表达式创建字典，示例如下：

```
>>> {x: x ** 2 for x in (2, 4, 6)}
{2: 4, 4: 16, 6: 36}
```

【例 4-6】 已知存在如下由字符串元素构成的列表，试用字典推导式的方法创建一个字典 dict1，键的值为列表中的字符串元素，值为该元素所在的索引值。

```
list_str = ["a","b","c","c"]
```

参考代码如下:

```
>>> list_str = ["a","b","c","c"]
>>> dict1 = {key:val for val,key in enumerate(list_str)}
>>> dict1
{'a': 0, 'b': 1, 'c': 3}
>>>
```

【例 4-7】 已知存在如下包含重复元素的列表 list1,利用列表推导式删除列表中的重复元素。list1 = [3,8,2,9,6,6,5,3,7,1,9,8,7]。

参考代码如下:

```
#Example4.8 利用列表推导式删除重复元素
list1 = [3, 8, 2, 9, 6, 6, 5, 3, 7, 1, 9, 8, 7]
list2 = []
[list2.append(i) for i in list1 if i not in list2]
print(list2)
```

【练习 4-4】 用 1~10 中所有偶数的平方组成一个列表。

【练习 4-5】 创建一个 0~9 的平方构成的集合。

【练习 4-6】 已知 list1 = ['I','Love','Learning','Python'],编写程序把 list1 中所有字符串变成小写。

【练习 4-7】 对于下面给出的字符串列表 strings,利用字典推导式建立以单词作为键、以单词长度作为值的字典。

```
strings = ['import','is','with','if','file','exception','liuhu']
```

4.6.3 生成器

视频讲解

生成器和迭代器是 Python 近几年引入的功能强大的两个特性。在 Python 中,边循环边计算的机制就称为生成器(generator)。当用到数据的时候再生成,这样可以节约空间,提高效率。

通过列表推导式,可以方便地直接创建一个列表。如果创建的列表比较大,会占用很大的存储空间,如果只需要访问前面几个元素,那后面绝大多数元素占用的空间都白白浪费了。

1. 简单生成器

将列表推导式的[]改成()就构成了一个简单的生成器,在()内放入列表推导表达式即可返回一个生成器对象。

【例 4-8】 用生成器得到由 0~9 的平方。

该程序的示例代码如下:

```
#Example4.9 生成器示例
generator1 = ( i * i for i in range(10) )          # 生成器
```

```
print(type(generator1))              # 输出 generator1 的类型
for i in generator1:                 # 遍历 generator1
    print(i,end=" ")
```

执行结果如下：

```
<class 'generator'>                  # 类型是 generator
0 1 4 9 16 25 36 49 64 81
```

该程序将列表生成器的[]换成了()就构成了一个生成器，对该生成器进行遍历，即可获取生成器的数据元素。

2. 生成器元素的获取

生成器元素的获取可以使用 next()方法，该方法可以将元素逐个取出，直到最后一个元素，但是当所有的元素都取出后再调用 next()方法时，会抛出 StopIteration 异常。

使用 next()方法获取元素的示例代码如下所示：

```
#Example4.10 生成器元素获取
generator1 = ( i * i for i in range(10) )     # 生成器
print(next(generator1),end=" ")               # 使用 next()获取元素
print(next(generator1),end=" ")
print(next(generator1),end=" ")
```

执行结果如下：

```
0 1 4
```

使用 next()方法获取元素，可以实现边循环边计算的要求，节约存储空间。Python 中还提供了 yield 关键字，将生成器与函数相结合，方便数据的生成与处理。因为涉及函数内容，该部分内容放在函数章节讲解。

设计实践

视频讲解

1. 查找热词

热词分析在公众趋势分析、舆情分析有广泛的应用，根据词汇的出现次数，分析热点词汇，能够看出一些研究、舆情等方面的热点。请编写程序，对给定的一段英文文献，统计其中各单词出现的次数，列出出现最多的单词和其出现的次数。

2. 学生信息表

利用字典和列表完成学生信息表的创建及学生信息的录入。假定学生信息表的结构如表 4-9 所示，请编写程序完成学生信息的录入。

表 4-9　学生信息表

学号	姓名	班级	大学物理	高等数学	英语
1001	张三	计算机	95	96	92
1002	李四	计算机	90	67	93
1003	王五	计算机	85	78	90
1004	陈六	计算机	96	95	98

可以利用列表和字典完成学生信息表的录入和存储，每名学生的信息都是一个字典，由键-值对保存相关条目信息。列表中可以存储多个字典，这样就存储了表 4-9 所示的学生信息表。

本章小结

本章主要介绍了组合类型中的主要数据类型，包括元组、列表和集合。针对每种类型都进行了概念、创建、常用操作等方面的介绍，对于不同组合数据类型之间的区别也做了较为详细的分析。组合类型具有推导式、生成器、迭代器等一些高级特性，本章进行了较为详细的分析与介绍。本章内容属于 Python 基础知识部分，所涉内容与 C 语言有较大差别，本章给出了大量的代码实例，有助于读者掌握本章内容。

本章习题

一、填空题

1. 字典不属于序列，更像是一种_____的集合。

2. 使用_____函数可以创建一个集合。

3. 已知 list1 = ['a','b','c','a','d']，则表达式 list1.index('a',2)的值为_____。

4. 已知 list1=['a','x','bw','y']，那么执行语句 list1.sort(reverse=True) 之后，list1 的值为_____。

5. 已知 x = "a","b"，则 x 的数据类型是_____。

6. 已知 x = list(range(1,10))，则表达式 x[-4:-2] 的值为_____。

7. 已知 list1=[1,3,5,7]，则执行语句 list2= list1 + [i ** 2 for i in range(1,5)]，得到 list2 的值为_____。

8. 在序列成员资格检查中，可以使用_____成员运算符检查一个值是否在序列中，如果在其中，就返回 True；如果不在，就返回 False。

9. Python 的列表支持正向索引和反向索引，正向索引值从 0 开始，反向索引时列表的最后一个元素的索引值为_____。

10. 使用循环遍历可迭代对象的每个元素的过程称作_____，通常使用 for 循环遍历其中的每个元素。

11. _____ 提供了一种简单的创建列表的方法,把某种操作应用于序列或可迭代对象的每个元素上,然后使用其结果创建列表,或者通过满足某些特定条件的元素创建子序列。

12. 列表的嵌套指的是列表的元素又是一个_____。

13. 若要按照从小到大的顺序排列列表中的元素,可以使用_____方法实现。

14. 如果要获取字典中的某个值,则可以根据_____访问。

15. 不确定字典中是否存在某个键时要获取它的值,可以使用_____方法进行访问。

二、选择题

1. Python 中,序列是元素有序存放且可重复的一种数据结构,下列哪一种数据类型不属于序列?(   )
   A. 字符串　　　　B. 列表　　　　C. 元组　　　　D. 字典

2. 表达式 3*[1,2,3]的输出结果是(   )。
   A. [1,2,3][1,2,3][1,2,3]　　　　B. [3,6,9]
   C. [1,2,3,1,2,3,1,2,3]　　　　D. 语法错误

3. Python 中,(   )数据类型可以看成是序列,支持序列的常用操作。
   A. 整数　　　　B. 复数　　　　C. 元组　　　　D. 集合

4. 当执行以下几条语句的时候,结果为(   )。

   a = [1,2]
   b = [1,2]
   print(a == b)
   print(a is b)

   A. True,True　　B. True,False　　C. False,False　　D. False,True

5. 下列关于列表的说法中,描述错误的是(   )。
   A. 列表是一种序列结构
   B. 列表具有可变性,可以追加、插入、删除和替换列表中的元素
   C. 列表中的数据项的数据类型必须相同
   D. 使用列表时,其下标可以为负

6. 关于元组的说法中,描述错误的是(   )。
   A. 元组是一种不可变序列
   B. 元组一旦创建就不能修改
   C. 元组的元素可以类型不同
   D. 元组可以使用下标索引来访问元组中的值,并对其进行修改

7. 下列方法中,用于列表倒置的是(   )。
   A. reverse　　　　B. pop　　　　C. sort　　　　D. convert

8. 下列语句中,变量类型属于列表的是(   )。
   A. a = [1,'a',[2,'b']]　　　　B. a = {1,'a',[2,'b']}

C. a=(1,'a',[2,'b']) D. a="1,'a',[2,'b']"
9. 下列选项中,正确定义了一个字典的是(   )。
   A. a=['a',1,'b',2,'c',3] B. b=('a',1,'b',2,'c',3)
   C. c={'a',1,'b',2,'c',3} D. d={'a':1,'b':2,'c':3}
10. 下列选项中,用于删除列表中最后一个元素的函数是(   )。
    A. del B. pop C. remove D. cut
11. 关于字典的说法中,描述错误的是(   )。
    A. 字典的每个元素由两部分组成,分别是健和值
    B. 字典的键必须是唯一的
    C. 字典的值可以是任意类型
    D. 字典属于有序序列类型
12. 下列选项中,创建字典正确的方法为(   )。
    A. dic1 = ['a': 1,'b': 2,'c': 3] B. dic2 = ('a': 1,'b': 2,'c': 3)
    C. dic3 = {'a',1,'b',2,'c',3} D. dic4 = {'a': 1,'b': 2,'c': 3}
13. 以下选项中,用于删除字典中所有元素但不删除字典的函数是(   )。
    A. del B. clear C. delete D. cut
14. 运行以下程序,输出的结果为(   )。

    ```
    list1 = ['first','second','third']
    list2 = [1,2,3]
    dict1 = dict(zip(list1,list2))
    print(dict1)
    ```

    A. {'first': 1,'second': 2,'third': 3} B. {1: 'first',2: 'second',3: 'third'}
    C. ['first': 1,'second': 2,'third': 3] D. 以上选项均不对
15. 下列程序输出的结果为(   )。

    ```
    list = ['a','b','c']
    list.pop()
    print(list)
    ```

    A. ['a','b'] B. ['b','c'] C. [] D. ['c','b','a']

三、简答题

1. 简述元组与列表的区别。
2. 简要列举创建列表的方法。
3. 什么是集合?简要列举集合的主要属性。
4. 什么是序列?Python中有哪些数据类型属于序列?
5. 什么是迭代?Python中可迭代的对象有哪些?
6. 简述字典与列表的区别与联系。
7. 什么是字典视图对象?简述其主要作用。
8. 简述从集合中移除元素的三种方法及其区别。

9. 简述元组、列表和字典的联系与区别。

四、编程题

1. 编写程序,将用户输入的字符串中每个字符出现的次数统计出来,要求利用字典统计字符串每个字母、数字出现的频次。

输入示例:asd23,2,r,a
输出结果:{'a': 2, 's': 1, 'd': 1, '2': 2, '3': 1, ',': 3, 'r': 1}

2. 编写一个函数,实现删除列表中重复元素的操作。

3. 假设有一个列表,其中存放的均为数字。编写一段代码查找列表中的元素,若元素个数为奇数,则输出正中间的数字;若元素个数为偶数,则输出正中间两个数字的平均值。

4. 有一个字典,包含了学生的信息,分别为姓名、性别和学号,请编写一个函数,删除性别为男的学生信息。

5. 编写一个函数,将用户输入的字符串中每个字符出现的次数统计出来。

第 5 章　函　数

CHAPTER 5

章节导图

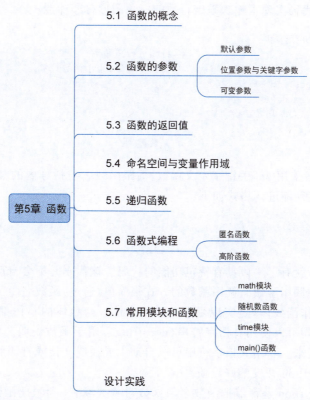

学习目标

(1) 理解函数的定义与相关概念；
(2) 掌握函数的调用、参数传递和返回值；
(3) 掌握变量作用域、LEGB 原则；

(4) 掌握递归函数的编程方法；
(5) 掌握匿名函数、函数式编程的概念及用法；
(6) 掌握 math 函数、日期函数、随机数函数的使用。

5.1 函数的概念

视频讲解

编程的过程中,经常需要实现重复的功能,解决的最好办法是利用函数。比如前面实现图形打印时,就可以将其设计为函数实现,把打印的行数设置为参数,这样想打印多少行,设置对应的参数就可以了。

简单地说,函数是能够实现特定功能的一组代码,它能够提高代码的模块化和重复利用率。借助于函数可以快速实现一定的功能,使得设计代码结构更加清晰。print()、id()、type()、range()、int()等都是 Python 内置的函数。

下面例子中的代码实现了输入限定行数的三角图形打印功能：

```
# Example5.1 三角形打印
def triangle(n):                        # 打印 n 行三角形
    """打印 n 行三角形图案."""              # 文档字符串,用于函数说明
    for i in range(1, n + 1):
        for j in range(i):
            print(" * ", end = " ")
        print("\r")
triangle(5)                             # 函数调用
```

Python 中,一般采用 def 关键字定义函数,后跟函数名与括号内的参数列表,函数语句从下一行开始,且必须缩进。格式如下：

```
def 函数名(参数列表):
    函数体
```

函数定义之后,就有了一段具有特定功能的代码。该代码并不会自动执行,要想让这些代码能够执行,需要调用函数。调用函数的方式很简单,通过"函数名()"即可完成。

函数的内容称作函数体,是实现函数功能的主体。函数体的整体都要遵循缩进规则。函数体的第一行语句可以使用文档字符串(docstring),用于函数说明。文档字符串也要缩进,并用三引号引起来。利用文档字符串可以自动生成在线文档或打印版文档,在代码中加入文档字符串是 Python 开发的好习惯。

函数定义后,Python 解释器把函数名与函数对象关联在一起,把函数名指向的对象作为用户自定义函数,用户可以使用其他名称指向同一个函数对象,并访问该函数。下面的例子中定义了变量 t 指向 triangle 函数对象,也可以访问函数。

```
>>> triangle
<function triangle at 0x0000025AB3BC3E20>
>>> t = triangle
```

```
>>> t(3)
*
* *
* * *
>>>
```

上面定义的函数没有返回值语句。可以在函数中使用 return 语句返回一个值给调用方,没有指定返回值的函数相当于返回 None。

比如在第 1 章引用的斐波那契数列函数的例子,使用 return 语句将结果返回给调用方 f100,f100 就具有了返回变量的类型和数值,如下所示:

```
#Example5.2 斐波那契函数
def fib2(n):
    result = []
    a, b = 0, 1
    while a < n:
        result.append(a)
        a, b = b, a+b
    return result
f100 = fib2(100)
print(f100)
```

执行结果如下:

```
[0, 1, 1, 2, 3, 5, 8, 13, 21, 34, 55, 89]
```

在定义与使用函数时需要注意以下内容:
(1) 函数名要符合命名规范,在命名规则上与变量名一致,一般用小写单词组成。
(2) 参数列表可以没有参数,也可以有多个参数,参数之间用逗号隔开。
(3) 函数定义不能与其他函数重名,如重名,前一个会被覆盖。
(4) return 语句返回函数的值。
(5) return 语句不带表达式参数时,返回 None。函数执行完毕退出也返回 None。

5.2 函数的参数

视频讲解

通常,将定义函数时设置的参数称为形式参数(简称形参),将调用函数时传入的参数称为实际参数(简称实参)。如 5.1 节中第一个例子中,函数定义 triangle(n)中的参数 n 为形式参数,函数调用语句 triangle(5)中的 5 为实际参数。函数调用语句执行时,实参的值赋给形参。

函数的参数是函数内部与外部交流的纽带,起传递数据的作用,函数调用者可以通过函数参数把函数内部需要的数据从外部传递过去。

下面的例子中为实现计算数字累加和的函数。函数 acc_value 有一个参数 number。调

用函数时,需要输入一个自然数进去,数据传递的过程称为参数传递。示例代码如下:

```
#Example5.3 参数传递
def acc_value(number):                          # number 为参数
    return sum(x for x in range(1,number + 1))
print("1～10 的累加和 = ",acc_value(10))
```

Python 中,函数定义支持可变数量的参数,函数的定义与调用既要考虑参数的数量,也要考虑参数的位置及顺序。函数参数传递属于函数的核心内容。下面分默认参数、位置参数和关键字参数、可变参数三部分进行讲解。

5.2.1 默认参数

视频讲解

函数调用时,通常都涉及参数的传递问题。可以在定义函数的时候为参数指定默认值,这样在调用函数时,可以使用比定义时更少的参数。默认参数可以看作可选参数,例如:

```
#Example5.4 默认参数 1
def person_info(name, age = 35 ):               # age 为默认参数
    print("Name:{0},Age:{1}".format(name,age))
person_info(name = "Rio")                       # 调用时,未包含默认参数
person_info(age = 20,name = "Rio" )             # 给出所有参数
```

该例中,age 为默认参数,具有默认值 35,在调用时如果没有该参数的传递,可以取默认值 35;如果给出该参数,则取给定的数值。

需要注意的是:

(1) 参数可以按照默认顺序调用,也可以按照参数名调用。

(2) 带有默认值的参数一定要位于参数列表的最右边,否则程序会报错。

(3) 形参的类型与传入的实参类型一致,函数内部处理时需要注意。

(4) 默认值如果是一个变量,那么其默认值是在函数定义时的定义域内取值。参见下面的代码:

```
#Example5.5 默认参数 2
i = 5
def f(arg = i):
    print(arg)
i = 6
f()
```

这段代码最后的输出结果为 5,程序中的 i 在函数调用之前虽然已经是 6,但在函数定义时 i 的默认值已经取 5,这一默认值就不变了。

(5) 默认值只计算一次。默认值为列表、字典或类实例等可变对象时,会产生与该规则不同的结果。例如,下面的函数会累积后续调用时传递的参数:

```
#Example5.6 默认参数 3
def f(a, L = [ ]):                    # 参数 L 的默认值为[ ],空列表
    L.append(a)
    return L
print(f(1))
print(f(2))
```

输出结果如下,结果发生了数据的累积,后续的调用受到前面调用的影响。

```
[1]
[1, 2]
```

如果不想在后续调用之间共享默认值,应以如下方式编写函数,对默认参数加以判断:

```
#Example5.7 默认参数 4
def f(a, L = None):
    if L is None:
        L = [ ]
    L.append(a)
    return L
```

5.2.2 位置参数与关键字参数

视频讲解

Python 中函数参数传递可以分为位置参数传递和关键字参数传递。

1. 位置参数

函数参数列表中的参数有先后顺序,在调用时多个实参依次按顺序传递给对应的形参,实参和形参的数量与顺序一一对应,否则会抛出异常。

下面给出了一个位置参数调用的示例:

```
#Example5.8 未知参数调用
def pos_func(a, b = 2, c = 3):        # b,c 为默认参数
    return a, b, c
print(pos_func(1, 2, 3))
```

该程序中,实参 1 传给了形参 a,实参 2 传递给形参 b,实参 3 传递给形参 c,参数是按照顺序传入的,程序执行的结果如下:

```
(1, 2, 3)
```

2. 关键字参数

在调用函数时,通过参数的名字明确指定给哪个形参传递什么实参,形式为 kwarg=value,这时实参的顺序可以和形参不对应,不影响传递的最终结果。示例如下:

```
#Example5.9 关键字参数
def pos_func(a, b = 2, c = 3):        # b,c 为默认参数
```

```
        return a,b,c
print(pos_func(3,c = 5,b = 9))              # 默认参数也可以按照名字进行参数传递
```

执行结果如下:

```
(3, 9, 5)
```

函数调用时,关键字参数必须跟在位置参数后面。所有传递的关键字参数都必须匹配一个函数接收的参数,关键字参数的顺序并不重要,但不能对同一个参数多次赋值。下面是一些错误的函数参数调用代码示例:

```
pos_func()                    #a 是必选参数,未给出
pos_func(a = 1,2)             #关键字参数,后面不能再使用位置参数
pos_func(2,a = 1)             #参数重复赋值
pos_func(d = 1)               #d 参数不存在
```

视频讲解

5.2.3 可变参数

在 Python 函数中,有时可能需要处理比最初声明还要多的参数,此时可以采用可变参数的形式定义,只需要在参数的前面加符号 * 或 ** ,如 * args 或 ** kwargs。这些参数叫作可变参数,其中 * args 和 ** kwargs 的区别如下:

(1) * args 会接收所有未命名的变量参数,并放入元组对象,该元组可以包含形参列表之外的所有位置参数, * args 一般称作可变参数。

(2) ** kwargs 会接收以键-值对形式传入的参数,并放入字典对象,该字典包含了函数中已定义形参对应之外的所有关键字参数,并允许通过变量名匹配该字典, ** kwargs 一般称作可变关键字参数。

(3) 普通关键字参数与 * args 或 ** kwargs 同时使用时,普通关键字参数放在最左边。

(4) * args 参数或者 ** kwargs 参数分别只能出现一次,否则会报错。

若函数没有接收到任何数据,则参数 * args 和 ** kwargs 为空,即它们为空元组或空字典。

【例 5-1】 利用 * args 可变参数编写函数,计算给定的所有整数之和。

```
#Example5.10 计算给定所有数值的和
def number_multi( * num):
    result = 0
    for n in num:
        result += n
    return result
print(number_multi(1,2,3))
```

上述程序中, * num 参数为可变参数,可以接收数量不定的输入参数,这些参数传入函数内部会被看成是 tuple 类型的变量,也就是说函数内部的 num 可以按照 tuple 类型进行

处理,上述程序的执行结果为 6。

【例 5-2】 请设计一个函数 average,用于计算多个数据的平均值。
该函数调用格式示例如下:

```
average(2,3,4)                    # 输出结果为 3.0
average(1,2,3,4,5,6,7,8,9,10)     # 输出结果为 5.5
```

参考代码如下:

```
# Example5.11 average 函数
def average( * numbers):
    sum = 0
    for n in numbers:
        sum += n
    return sum/len(numbers)
print("平均值 1 = ",average(2,3,4))
print("平均值 2 = ",average(1,2,3,4,5,6,7,8,9,10))
```

该程序中, * numbers 为可变参数,用以接收数量不定的输入数据,对于输入数据可以按照元组进行遍历,从而计算平均值。

形参为 ** kwargs 形式时,接收一个字典数据。例如,可以定义下面的函数,该函数接收关键字参数 ** kwargs,函数内部有一个字典结构 student_info,其中的键-值对存储了一些默认的键和值,通过调用该函数可以将默认值修改为指定的数值,示例程序如下:

```
# Example5.12 关键字参数
def keyword_test( ** kwargs ):
    student_info = {
                '姓名' : '某某',
                '性别' : '男',
                '年龄' : 18, }
    student_info.update(kwargs)
    print(student_info)
keyword_test( 姓名 = '李四', 年龄 = 20 )
```

执行结果如下:

```
{'姓名': '李四', '性别': '男', '年龄': 20}
```

如果关键字参数和可变参数同时存在,则普通参数放在最左边,可变参数放在最右边,如下所示:

```
# Example5.13 同时有可变参数与关键字参数
def arg_test(kw1, * args, ** kwargs):
    print("kw1:",kw1)              # 显示传入的 kw1 参数
    print("args:",args)            # 显示传入的 args 参数
    print("kwargs:",kwargs)        # 显示传入的 kwargs 参数
arg_test(1,["abc", 1, 2], {"name":"zhang", "age": 20})
```

该程序的执行代码如下：

```
kw1: 1
args: (['abc', 1, 2], {'name': 'zhang', 'age': 20})     # 字典数据也传入了 args
kwargs: {}                                              # kwargs 参数未传入数据
```

由以上例子可以看出，可变参数 *args 和 **kwargs 虽然可以一块使用，但是放在后面的 **kwargs 参数获得的实参数据将为空数据，原因是 *args 参数为可变参数，可以接收可变参数，传入的多个参数都作为元组数据输入 *args 参数了，**kwargs 就只能传入空数据。

定义函数的形式参数可以使用 * 和 ** 表达式，同样实际参数也可以使用 * 和 ** 表达式。如果将 *args 和 **kwargs 作为实参使用，那么运算符 * 和 ** 可以分别实现拆分可迭代对象和字典对象的功能。

调用函数时，实际参数传递数据使用运算符 * 拆分可迭代对象，而形式参数会以位置参数接收这些可迭代对象的元素。下面看一个示例：

```
# Example5.14 使用运算符 * 拆分可迭代对象
def test(a,b,c,d,e):
    print('number:',a,b,c,d,e)
num = (33,44,55)
test(11,22,*num)
```

执行结果如下：

```
number: 11 22 33 44 55                    # num 实参被拆分
```

由以上例子可以看出，* 运算符将实际参数拆分之后，分别传递给形式参数 c、d、e。

同样地，调用 test() 函数时传入一个字典，可以使用 ** 运算符对该字典进行拆分。下面看一个示例：

```
# Example5.15 使用运算符 ** 拆分字典对象
def test(a,b,c,d,e):
    print('number:',a,b,c,d,e)
num = {'c':33,'d':44,'e':55}
test(11,22,**num)
```

执行结果如下：

```
number: 11 22 33 44 55                    # num 实参被拆分
```

由以上例子看出，** 运算符拆分字典时，键要作为形式参数的名称，用来接收字典对象的值。

5.3 函数的返回值

所谓"返回值",就是程序中函数完成一件事情后反馈给调用者的结果,函数的返回值是使用 return 语句得到的。

如下面的函数:

```
#Example5.16 函数返回值
def add_test(a, b):
    s = a+b
    return s
x = add_test(1,2)
```

return 用于返回结果数据给调用者 x。如果函数没有返回值,return 可以忽略不写;如果返回值只有一个,则直接返回原类型;如果返回值是多个,则返回的结果为元组。

如下函数返回多个值:

```
#Example5.17 函数有多个返回值
def test():
    name = "zhangsan"
    age = 18
    return name,age              # 也可以写成 return (name,age)
print(test())
```

该程序执行结果如下,为一元组对象。如写成 return(name,age),执行效果相同,也是返回元组对象。

```
('zhangsan', 18)
```

5.4 命名空间与变量作用域

命名空间与作用域是程序设计中的基础概念。了解定义的变量的命名空间和作用域,有助于减少代码中隐藏问题的发生。

1. 命名空间

命名空间(Namespace),也称为名字空间,提供了从名字到对象的映射关系。不同的命名空间是相互独立的,不同命名空间的变量即使名字相同也没有关系。

Python 的命名空间有 built-in、global 和 local 三种。built-in 称为内置命名空间,是 python 自带的内建命名空间,任何模块均可以访问,存放内置的函数和异常;Global 称为全局命名空间,在模块加载时定义,记录模块的变量、函数、类等;Local 称为局部命名空间,是指在函数或类内部所拥有的命名空间。

不同命名空间根据其创建及退出的机制不同而具有不同的生命周期。

2. 变量作用域

变量作用域是指能够访问该变量的代码范围,决定变量可以被引用的命名空间。函数、类和模块内部会产生新的作用域,变量作用域与其在代码中的位置有关。在 Python 程序中访问一个变量,会从内到外依次访问所有命名空间,否则会产生未定义的错误。变量作用域决定了不同程序可以访问的变量范围。

在 Python 中访问一个变量,需要遵循 LEGB 规则进行顺序搜索。LEGB 也称为 Python 中的四种变量作用域,这四种作用域的含义如下:

(1) L(local):局部作用域,如函数、方法或类内部定义的变量。
(2) E(enclosing):外层嵌套函数区域,常见的是上一层函数作用域。
(3) G(global):全局作用域,就是模块级别定义的变量。
(4) B(built-in):系统内建作用域,是 Python 解释器系统自带变量,比如 int、str 等。

变量的作用域可以通过下面的代码进行简单示例:

```python
#Example5.18 变量作用域
g_count = 1                # 全局作用域 G
def outer():
    o_count = 2            # 函数外的函数中 E
    def inner():
        i_count = 6        # 局部作用域 L
```

3. 全局变量与局部变量

在程序中,变量有全局变量和局部变量之分。全局变量在模块内,但位于函数之外,这类变量拥有全局作用域。全局变量可以在整个程序范围内访问。如果出现全局变量和局部变量名字相同的情况,则在函数中访问的是局部变量。

所谓局部变量,就是在函数内部定义的变量,这类变量只在定义它的函数中有效,一旦函数结束就会失效。下面的程序中,函数 sum 内部的 total 变量和函数外部的 total 变量分别为局部变量和全局变量,二者互不影响,所以最后执行的结果为 30 和 0。

```python
#Example5.19 全局变量与局部变量
total = 0                  # total 为全局变量
def sum(arg1, arg2):
    total = arg1 + arg2    # 此处的 total 为局部变量
    print(total)
    return total
sum(10, 20)
print(total)
```

4. global 和 nonlocal 关键字

当在程序中,局部空间需要使用外层空间定义的变量,或者外层空间需使用局部空间定义的变量,这时就需要使用 global 和 nonlocal 关键字。

global 关键字用来在函数或其他局部作用域中使用全局变量,在使用的地方用 global 声明该变量是在函数外定义的全局变量。

下面的程序是对 global 全局变量的使用进行的说明:

```
#Example5.20 global 关键字
gcount = 0                    #gcount 为全局变量
def global_test():
    global gcount             #将 gcount 声明为全局变量,说明该变量是在函数外定义
    gcount += 1
    print(gcount)
global_test()
```

nonlocal 关键字用来在函数或其他作用域中使用外层(非全局)定义的变量,nonlocal 可以当存在函数嵌套,内层函数需要访问外层函数中定义的变量时使用,下面的例子是对该关键字进行的说明:

```
#Example5.21 nonlocal 关键字
def test():
    count = 1                 #局部变量
    def func_in():
        nonlocal count        #声明 count 为上一层变量
        count = 12
    func_in()
    print(count)
test()
```

上述代码的执行结果为 12,如果去掉 nolocal 语句,则输出为 1。

5.5 递归函数

视频讲解

递归函数是实现递归算法的函数,通过直接或者间接调用函数自身求解问题。递归算法的实质是将一个问题不断分解为规模缩小的子问题,然后通过递归调用方法表示问题的解。数学上常见的阶乘、斐波纳契数列、二叉树等计算问题都可以使用递归求解。

首先看一下使用递归函数计算 n 的阶乘的例子,该函数的实现代码如下:

```
#Example5.22 利用递归计算 n 的阶乘
def fac(n):
    if n == 1:
        return 1
    return n * fac(n-1)       #递归调用本身
print(fac(4))
```

上述代码输出结果为 24。为了理解递归程序的执行原理,看清楚递归调用的过程,可以将上述程序修改一下,在程序中设置打印语句把每一步的计算过程打印出来,示例代码

如下：

```
# Example5.23 利用递归计算 n 的阶乘
def fac(n):
    if n == 1:
        print("fac(%d)返回 1"% n)              # 打印返回值
        return 1
    else:
        print("计算%d*fac(%d-1)"%(n,n))         # 打印正在计算的阶乘
        f = n*fac(n-1)                        # 递归调用
        print("fac(%d)返回%d"%(n,f))           # 打印已经完成的返回值
        return f
fac(4)
```

运行结果如下：

```
计算 4*fac(4-1)
计算 3*fac(3-1)
计算 2*fac(2-1)
fac(1)返回 1
fac(2)返回 2
fac(3)返回 6
fac(4)返回 24
```

从运行结果可以看出，递归调用是逐层调用的，如图 5-1 所示。递归的过程可看成是将问题逐层向下转化成下一级的计算问题，也就是说一直要找到能够得到计算结果的层级。本例中递归过程为：fac(4)→fac(3)→fac(2)→fac(1)，fac(1)可以直接计算出结果，fac(1)也是本例的递归出口，之后便可以进行反向求值过程，将各层级自底向上都计算出结果，从而实现递归调用的过程。

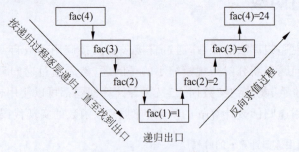

图 5-1 递归调用过程

由以上例子可以看出，用递归函数时，需要找到递归关系和递归出口，递归关系需要建立起步骤 n 与步骤(n-1)的数学关系式，递归出口需要找到最底层的初始值。本例中的递归关系和递归出口为：

(1) 递归关系：fac(n)=fac(n-1)*n。

(2) 递归出口：fac(1)=1。

理解了这些关系,就很容易完成递归函数的编程了。为了巩固递归函数的编程,下面举一个类似的简单例子进行说明。

【例 5-3】 利用递归函数计算 1~n 的数字之和,并调用该函数计算 1~10 的数字之和。

本例可以仿照前面利用递归函数实现阶乘的方法,假设要实现的函数名为 summ(n),首先要找出递归关系和递归出口,即:

(1) 递归关系:summ(n)=summ(n−1)+n。

(2) 递归出口:summ(1)=1。

这样就将很容易将该递归函数写出,如下所示:

```
#Example5.24 利用递归计算 1~n 的数字和
def summ(n):
    if n == 1:
        return 1
    return n + summ(n-1)              # 递归调用
print(summ(10))
```

【例 5-4】 利用递归函数实现斐波那契数列。

在 1.4.1 节利用 while 循环实现了斐波那契数列 fib(n),输出小于 n 的斐波那契数列。斐波那契数列为:0,1,1,2,3,5,8,13,21,34,55,…,首先可以递归方法求出第 n 个斐波那契数,假设计算第 n 个斐波那契的函数名为 fib_num(n),则递归关系和递归出口可以表述如下:

(1) 递归关系:fib_num(n) = fib_num(n−1) + fib_num(n−2)。

(2) 递归出口:fib_num(0) = 0,fib_num(1) = 1。

基于上述分析,可以写出 fib_num(n)的递归实现,如下所示:

```
#Example5.25 递归计算第 n 个斐波那契数
def fib_num(n):
    if n == 0:
        return 0
    elif n == 1:
        return 1
    else:
        return fib_num(n-2) + fib_num(n-1)          # 递归调用
print(fib_num(10))
```

上述程序的最后一条语句调用该 fib_num()函数计算第十个斐波那契数,运行结果为 55。将以上程序稍做改变就可以计算出 n 以内的斐波那契数列,示例代码如下:

```
#Example5.26 递归计算小于 m 的斐波那契数列
def fib_seq(m):
    def fib_num(n):
        if n == 0:
            return 0
```

```
            elif n == 1:
                return 1
            else:
                return fib_num(n - 2) + fib_num(n - 1)        # 递归调用
        fibo_list = []
        i = 0
        while fib_num(i) < m:
            fibo_list.append(fib_num(i))
            i += 1
        return fibo_list
    print(fib_seq(200))
```

该程序利用 while 循环,将计算得到的每个斐波那契数写入 fibo_list 列表,最后运行结果为:

```
[0, 1, 1, 2, 3, 5, 8, 13, 21, 34, 55, 89, 144]
```

5.6 函数式编程

Python 支持函数式编程,允许把函数本身作为参数传入另一个函数,还允许返回一个函数。函数式编程的主要思想是把运算过程尽量写成一系列嵌套的函数调用。函数式编程可以使代码更加简洁,易于理解。

函数式编程将一个问题分解成一系列函数。在函数式程序里,输入会流经一系列函数,每个函数接收输入并输出结果。函数式编程使得程序更加模块化,函数更加明确,更易于编写,也更易于阅读和检查错误,易于程序调试及测试。前面章节中讲到的迭代器、推导式、生成器等都属于函数式编程的范畴,本节是对这些内容的补充。

5.6.1 匿名函数

匿名函数就是没有名称且不使用 def 语句定义的函数。匿名函数需要使用 lambda 关键字声明,主要格式如下:

```
lambda 参数:表达式
```

匿名函数的简单示例如下:

```
lambda a, b: a + b
```

该匿名函数返回两个参数的和,a 和 b 是两个参数,a+b 就是该函数要实现的功能表达式,参数与表示式之间为冒号。使用 lambda 关键字可以创建简单的匿名函数。

匿名函数只能有一个表达式,表达式的值就是返回值,不需要 return 语句。关键字 lambda 表示匿名函数,lambda 表达式只能包含一个表达式,不允许包含选择、循环等语法结构。匿名函数不能共享给其他程序使用，只能实现简单的功能。

【例 5-5】 利用 lambda 表达式编写匿名函数，计算给定两个数的平方和，并调用该函数计算 6 和 8 的平方和。

参考代码如下：

```
# Example5.27 lambda 匿名函数
sqr_sum = lambda x,y: x ** 2 + y ** 2
print(sqr_sum(6,8))
```

lambda 匿名函数可以用在函数中作为 return 表达式的返回函数，如下述示例所示。返回的是一个匿名函数，f 即为该函数。匿名函数内部的 n 已经取值为 42，参数 x 依次取值为 0、1，即 f(0) 的结果实现的是 0＋42，f(1) 实现的是 1＋42。示例代码如下：

```
>>> def make_incrementor(n):
...     return lambda x: x + n
...
>>> f = make_incrementor(42)
>>> f(0)
42
>>> f(1)
43
```

lambda 匿名函数使用时，还可以把匿名函数用作传递的实参，如下述示例程序所示，该段代码实现了将 pairs 按照对象元素中元组的第一个元素进行升序排列。

```
>>> pairs = [(1, 'one'), (3, 'three'), (2, 'two'), (4, 'four')]
>>> pairs.sort(key = lambda pair: pair[0])
>>> pairs
[(1, 'one'), (2, 'two'), (3, 'three'), (4, 'four')]
>>>
```

5.6.2 高阶函数

视频讲解

Python 中，函数与其他数据类型(如整数类型)处于平等地位，可以将函数赋值给变量，也可以将其作为参数传入其他函数，将它们存储在其他数据结构(如字典)中，并将它们作为其他函数的返回值。

Python 中，高阶函数是指可以接收另一个函数作为参数的函数。python 里内置了一些高阶函数，其中比较常用的有 map()、reduce()、filter()、sorted() 等。sorted() 函数在第 4 章已经讲过，下面重点讲解其他几个函数。

1. map() 函数

Python 中，map() 函数会根据提供的函数对指定的序列做映射。map() 函数的定义如下：

```
map(f, iterA, iterB, ...)
```

其中,f 是函数的名称,后面的参数 iterA、iterB 等支持可迭代(iterable)的对象。map 函数将传入的函数依次作用到序列的每个元素,返回一个遍历序列的迭代器。

map()函数的示例代码如下。该程序的 f 函数采用 lambda 匿名函数对 x 求 3 次方,后面跟的可迭代对象是一个列表,将该匿名函数依次作用到列表中的每个元素,实现了对列表的每个元素求 3 次方,并将结果作为新的序列返回。

```
>>> list1 = list(map(lambda x : x ** 3,[1,2,3,4]))      # map 函数映射
>>> print(list1)
[1, 8, 27, 64]                                           # 返回列表
>>>
```

【例 5-6】 下面列表 list1 的元素由数字构成,请使用 map()函数将列表中的每个元素转化为字符串。

```
list1 = [1, 2, 3, 4, 5, 6, 7, 8, 9]
```

参考代码如下:

```
>>> list1 = [1, 2, 3, 4, 5, 6, 7, 8, 9]
>>> list2 = list(map(str, list1))
>>> print(list2)
['1', '2', '3', '4', '5', '6', '7', '8', '9']
>>>
```

【例 5-7】 写出下面语句完成的功能。

```
list(map(lambda x, y: (x + y, x - y), [1,3,5], [2,4,6]))
```

参考答案:将所给两个列表完成匿名函数表达式要求的对应元素相加及相减,组成新的元素,返回新的列表,最后执行的结果为:[(3,−1),(7,−1),(11,−1)]。

【例 5-8】 利用 map()函数将下面列表中的每一个元素加 2。

```
list1 = [1,2,3,4,5]
```

参考代码如下:

```
>>> list1 = [1,2,3,4,5]
>>> func = lambda x:x + 2
>>> list2 = map(func, list1)
>>> print(list(list2))
[3, 4, 5, 6, 7]
>>>
```

2. reduce()函数

reduce()函数可以对可迭代对象的所有元素按函数执行累积操作,返回累积计算所得

到的唯一结果。该函数的格式如下：

```
reduce(func, iter, [initial_value])
```

其中，func 必须是一个接收两个元素并返回一个值的函数。reduce()函数接收迭代器返回的前两个元素 A 和 B 并计算 func(A,B)，然后请求第三个元素 C，计算 func(func(A,B),C)，如此继续直到遍历整个可迭代对象；如果提供了初值（initial value），该初值会被用作计算的起始值，也就是先计算 func(initial_value,A)。

reduce()函数属于 functools 模块提供的高阶函数，在 Python 2 中为内置函数，在 Python 3 中需要导入 functools 模块，导入代码如下：

```
from functools import reduce
```

之后，就可以与 map()等函数一样使用了。

使用时需要注意，reduce()函数传入的 function 参数不能为 None，如果输入的可迭代对象不返回任何值，会抛出 TypeError 异常。

下面是使用 reduce()函数的几个示例程序：

```
>>> from functools import reduce        # 导入 functools 模块
>>> def mul_2(x,y):
...    return x * y
...
>>> product = reduce(mul_2, [1, 2, 3], 1)   # 实现累积乘法
>>> print(product)
6
>>> s1 = reduce((lambda x,y:x + y), [1,2,3,4])   # 实现累积加法
>>> print("s1 = ",s1)
s1 =  10
>>> s2 = reduce((lambda x,y:x + y), [1,2,3,4], 90)   # 有初始值
>>> print(s2)
100
>>> s3 = reduce((lambda x,y:x/y), [1,2,4,5])   # 实现累积除法
>>> print(s3)
0.025
>>>
```

【例 5-9】 利用 reduce()函数实现 10 的阶乘运算。

参考代码如下：

```
>>> from functools import reduce
>>> def multiply(x,y):
...    return x * y
...
>>> print(reduce(multiply,range(1,11)))
3628800
>>>
```

3. filter()函数

filter()函数可以对指定序列执行过滤操作,过滤掉某些不需要的数据,保留有用的数据,格式如下:

```
filter(function, iterable)
```

其中,参数 function 可以是函数名或者 None,参数 iterable 为一可迭代数据。如果 function 是函数名,则将 iterable 数据里的每一个元素作为函数的参数进行计算,将返回 True 的数据筛选出来。

例如,在下面的例子中,filter()函数的 function 参数为 None,直接筛选值为 True 的数据。

```
>>> list(filter(None,[11,1,2,0,0,0,False,True]))    #筛选函数为None
[11, 1, 2, True]
>>>
```

在下面的例子中,filter()函数的 function 参数为匿名函数实现数据除以 2 并取余,相当于筛选序列中的奇数数据。

```
>>> list(filter(lambda x:x%2, range(1,11)))    #筛选函数为匿名函数
[1, 3, 5, 7, 9]
>>>
```

【例 5-10】 将下面给出的列表 list1 中的负数和 0 过滤掉,得到一个只有正整数的数组,并将得到的结果存入列表 list2。

```
list1 = [-1,0,1,-2,3]
```

参考代码如下:

```
>>> list1 = [-1,0,1,-2,3]
>>> list2 = list(filter(lambda x:x>0, list1))
>>> list2
[1, 3]
>>>
```

5.7 常用模块和函数

Python 3.11 中内置了约 70 个内置函数,这些函数在 Python 官方文档中有详细的解释。这些函数涵盖了数学运算、类型转换、序列操作、变量操作、文件操作等多种类型,在前面的内容中有很多已经讲过,比如 print()、int()、type()、id()、max()等,本节补充讲解几个第三方模块及需要用到第三方模块的常用函数。

5.7.1　math 模块

math 模块是 Python 的标准模块,提供了三角函数、对数函数、幂函数、角度转换、双曲函数等常用的数学运算,提供了对 C 标准定义的数学函数的访问。除非另有明确说明,math 模块提供函数的所有返回值均为浮点数。

要使用 math 模块方法,首先要导入该模块,如下所示:

```
import math
```

导入后,即可以使用其中的数学函数相关的方法。math 模块中有常量和函数,常量主要包括两个,即 math.pi 和 math.e。

(1) 圆周率 π。π 表示圆周率,是一个常量,在 math 库中表示为 math.pi,取值 3.141592…,精确到可用精度。

(2) 自然常数 e。e 表示自然常数,也是一个常量,属于无理数,在数学中也是常用的一个常量数据,在 math 库中表示为 math.e,取值为 2.718281…,精确到可用精度。

π 和 e 的使用示例如下:

```
>>> import math
>>> PI = math.pi                # 圆周率 π
>>> E = math.e                  # 自然数 e
>>> print("PI = ",PI)
PI = 3.141592653589793
>>> print("E ",E)
E 2.718281828459045
```

下面给出一些 math 模块提供的常用函数,如表 5-1 所示。

表 5-1　math 常用函数

函　　数	说　　明
math.exp(x)	返回 e 的 x 次方,其中 e = 2.718281…,是自然对数的基数
math.sqrt(x)	返回 x 的平方根
math.sin(x)	返回 x 弧度的正弦值
math.cos(x)	返回 x 弧度的余弦值
math.tan(x)	返回 x 弧度的正切值
math.degrees(x)	将角度 x 从弧度转换为度数
math.radians(x)	将角度 x 从度数转换为弧度
math.log(x[,base])	如果使用一个参数,返回 x 的自然对数(底为 e)。如果有两个参数,则返回给定 base 的对数 x,计算为 log(x)/log(base)
math.log2(x)	返回 x 以 2 为底的对数,通常比 log(x,2) 更准确
math.log10(x)	返回 x 以 10 为底的对数,通常比 log(x,10) 更准确

示例代码如下:

```
>>> import math
>>> PI = math.pi                # 圆周率π
>>> print(math.sin(PI/6))       # sin(π/6)
0.49999999999999994
>>> print(math.exp(2))          # e 的 2 次方
7.38905609893065
>>> print(math.sqrt(100))       # 100 的平方根
10.0
>>> print(math.log(100, 10))    # 100 以 10 为底的对数
2.0
>>> print(math.log2(256))       # 256 以 2 为底的对数
8.0
>>> print(math.log10(100))      # 100 以 10 为底的对数
2.0
>>>
```

从以上 math 模块函数运算结果来看,结果都是浮点数,且有些结果存在无限近似,比如 math.sin(PI/6),即 sin(30)=0.5,但是实际输出结果为 0.49999999999999994,是一个无限近似的结果。math 模块提供的数学函数很多,使用时可以查询 Python 官方文档。

5.7.2 随机数函数

视频讲解

程序中经常会用到随机数,Python 中的 random 模块可以用于生成随机数。借助于该模块,可以方便地生成随机整数和小数、从序列中随机抽取数据等。random 模块中的主要随机函数的用法如表 5-2 所示。

表 5-2 随机数函数功能

方法	说明
random.random()	用于生成一个 0~1 的随机浮点数,0≤n<1.0
random.uniform(a,b)	返回 a,b 之间的随机浮点数,范围是[a,b]还是[b,a]取决于四舍五入后的结果,a 不一定比 b 小
random.randint(a,b)	返回 a,b 之间的整数,范围为[a,b]。注意:传入参数必须是整数,a 一定要比 b 小
random.randrange([start], stop[,step])	返回给定区间内的随机整数,可以设置 step,默认值为 1
random.choice(sequence)	从序列类型变量中随机获取一个元素
random.shuffle(x[,random])	用于将列表中的元素打乱顺序
random.sample(sequence,k)	从指定序列中随机获取 k 个元素作为一个片段返回,不会修改原有序列

random 模块不是内置模块,使用时需要在程序开始前导入。下面是随机数生成的示例:

```
>>> import random
>>> print(random.random())              # 生成 0~1 的随机数
```

```
0.603362655084515
>>> print(random.uniform(50,100))          # 生成 50~100 的随机浮点数
75.33137414537545
>>> random: 85.75230473615628
>>> print(random.randint(12,20))           # 生成 12~20 之间的整数
19
>>> p = ["Python","is", "simple"]          # 将 p 打乱顺序
>>> random.shuffle(p)
>>> print(p)
['Python', 'simple', 'is']
>>> list = [1, 2, 3, 4, 5, 6, 7, 8, 9, 10] # 从 list 中随机抽取五个元素
>>> print(random.sample(list, 5) )
[6, 5, 2, 4, 8]
>>>
```

5.7.3 time 模块

视频讲解

Python 中常见的处理时间与日期相关的模块主要有 time 模块、datetime 模块和 calendar 模块。time 模块是处理时间的模块,如获取时间戳、格式化日期等;datetime 模块是 date 和 time 的结合体,可以处理日期和时间相关的操作;calendar 模块是日历相关的模块,主要用于处理年历/月历等日历相关的操作。

time 模块、datetime 模块和 calendar 模块都不是 Python 的内置模块,都需要先导入再使用,如下所示:

```
>>> import time
>>> import datetime
>>> import calendar
>>>
```

这三个模块都内置了许多属性与方法,在使用时可以借助于 dir()或者 help()函数对模块所带的属性与方法进行查询,比如可以利用 dir()函数列出 time 模块的方法或属性,如下所示:

```
>>> import time
>>> dir(time)
['_STRUCT_TM_ITEMS', '__doc__', '__loader__', '__name__', '__package__', '__spec__', 'altzone',
'asctime', 'ctime', 'daylight', 'get_clock_info', 'gmtime', 'localtime', 'mktime', 'monotonic',
'monotonic_ns', 'perf_counter', 'perf_counter_ns', 'process_time', 'process_time_ns', 'sleep',
'strftime', 'strptime', 'struct_time', 'thread_time', 'thread_time_ns', 'time', 'time_ns',
'timezone', 'tzname']
>>>
```

在时间模块中用得比较多的是时间元组(struct_time),该元组共有九个元素,含义如表 5-3 所示。

表 5-3 struct_time 对象的元素

索引	属性	值	功能
0	tm_year	四位数,如 2022	年份
1	tm_mon	range [1,12]	月份
2	tm_mday	range [1,31]	月份中的日期
3	tm_hour	range [0,23]	小时
4	tm_min	range [0,59]	分钟
5	tm_sec	range [0,61]	秒
6	tm_wday	range [0,6],周一为 0	一周中的第几天
7	tm_yday	range [1,366]	一年中的第几天
8	tm_isdst	0,1 或 −1	是否夏令时,1 为是 0 为否
N/A	tm_zone	时区名称的缩写	
N/A	tm_gmtoff	以 s 为单位,UTC(世界标准时间)以东偏离	

time.localtime([secs])可以返回当前时间元组 struct_time。time.asctime([t])函数接收时间元组并返回一个可读的时间形式的 24 个字符的字符串,包含年、月、日、星期、时、分、秒。如下所示:

```
#Example5.28 时间模块
import time
print(time.localtime())            # 本地时区时间
print(time.asctime())              # 可读形式时间
```

执行结果如下:

```
time.struct_time(tm_year=2022, tm_mon=3, tm_mday=27, tm_hour=10, tm_min=40, tm_sec=2, tm_wday=6, tm_yday=86, tm_isdst=0)
Sun Mar 27 10:40:02 2022
```

time.strftime(format,[t])可以将 struct_time 对象转换为 format 格式化的可读形式输出,如果参数 t 未给出,则取当前时间。比如将本地当前时间转换为"年、月、日、时、分、秒"的形式输出,代码如下所示:

```
#Example5.29 本地时间格式化输出
import time
t = time.localtime()
print(time.strftime("%Y-%m-%d %H:%M:%S"))
```

执行结果如下:

```
2022-03-27 10:58:39
```

time.sleep(secs)是线程相关的时间函数,可以推迟线程的运行时间,通过参数 sec 指

定秒数,表示线程暂停执行的时间。在程序中可以用作延时程序,比如实现5s的延时,代码如下:

```
#Example5.30 延时
import time
t1 = time.localtime()
print(time.strftime("开始时间:"" % H:% M:% S"))
time.sleep(5)                    # 延时5s
print(time.strftime("结束时间:"" % H:% M:% S"))
```

执行结果如下:

```
开始时间:11:06:02
结束时间:11:06:07
```

【例 5-11】 设计一个倒计数程序,实现倒数 10 个数,每秒倒数一个,数到 1 时显示"开始!"。

设计分析:本例中需要一个倒数序列,可以用循环生成,而利用序列的逆序功能将更加简便。另外每次输出的文本都输出在相同的位置,需要控制输出之后不换行,而且每次要回到行首,这就需要用到"\r"回车符。利用回车符控制输出回到行首,time.sleep()函数实现1秒延时,本程序就可以方便地实现了。示例代码如下:

```
#Example5.31 倒计数程序设计
import time
for i in range(10,0,-1):              # 序列为[10、9、…、2、1]
    print('\r',i, end = '')           # \r控制回到行首,但不换行
    time.sleep(1)                     # 延时1s
print("\n 开始")
```

执行结果如下:

```
1
开始
```

【例 5-12】 设计一个进度条,前面显示变化的数字,从 0 一直变化到 100%,随着安装进度的进行后面显示-,每变化 5% 增加一个-,所有进度完成后在进度条的末尾显示"OK!"。可以用时间模拟安装进程,每 0.1s 完成 1% 进度条,示例如下:

```
50 % ----------
100 % -------------------- OK!
```

参考代码如下:

```
#Example5.32 进度条设计
import time
nums_sign = 20                        # -的数量
```

```
count = 5                    # 计数
for i in range(101):
    disp_string = "\r" + str(i) + "%" + "-" * int(i/5)
    print(disp_string,end = "")
    time.sleep(0.1)
    count += 1
print("OK!")
```

需要注意的是,尽管所有平台都可以使用 time 相关模块,但由于模块中定义的大多数函数的实现都需要调用其所在平台的 C 语言库的同名函数,因此这些函数的语义可能会有所变化,有些函数可能无法使用或执行方式存在差异,需要在使用时查阅对应平台的相关文档;另外 Idle 平台对于回车符"\r"的支持不理想,需要借助 PyCharm、Anaconda 等平台。

5.7.4 main()函数

视频讲解

利用 Python 开发的代码文件可以单独执行,也可以作为模块在其他文件中调用执行。在 Python 中,引入了一个变量__name__,当前文件被调用时,__name__的值为文件名,而当编写的 py 文件直接运行时,__name__的值为"__main__"。也就是说,当该 python 脚本被作为模块(module)导入(import)时,其中的 main()函数将不会被执行。

在编写可能会被其他程序调用的 Python 程序时,利用该特性可以编写只有本程序独立执行时的程序代码,用于某些功能测试或验证。示例代码如下:

```
# Example5.33 main()函数使用
print('Hello World!')
print('__name__变量的值为: ', __name__)
def main():
    print('本程序单独运行')
if __name__ == '__main__':      # 判断是否单独执行
    main()
```

程序运行结果为:

```
Hello World!
__name__变量的值为: __main__
本程序单独运行
```

本程序作为 module 被其他程序 import 执行时,__name__的值为文件名,main()函数中的语句将不再执行,也就是说"本程序单独运行"这条信息将不会显示。

设计实践

视频讲解

1. 四则运算

编写一个 Python 程序,生成"加减乘除"四则运算的练习,并能判断结果是否正确。程序可以选择进行哪种运算,根据输入的数据判断运算结果是否正确,最后给出正确性统计。

2. 图案绘制

在 python 中,边循环边计算的机制称为生成器,当用到数据的时候再生成,这样可以节约空间,提高效率。试编写程序,利用生成器得到如图 5-2 所示的图案,其中 n 作为输入参数,代表图案的行数。

3. 因数分解

在数学中,因数分解又称素因数分解,是指把一个正整数写成几个约数的乘积。例如,对于 45 这个数,可以将其分解成 3×3×5。根据算术基本定理,这样的分解结果应该是独一无二的。

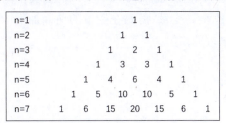

图 5-2　n＝10 时的图案

4. 杨辉三角

杨辉三角是二项式系数在三角形中的一种几何排列,最早由中国南宋数学家杨辉 1261 年提出,其数据如图 5-3 所示。杨辉三角第 n 行的数字有 n 项,每行数字左右对称,由 1 开始逐渐变大,每个数等于它上方两数之和。试用递归函数方法打印出 n 行的杨辉三角图形。

```
n=1                     1
n=2                   1   1
n=3                 1   2   1
n=4               1   3   3   1
n=5             1   4   6   4   1
n=6           1   5  10  10   5   1
n=7         1   6  15  20  15   6   1
```

图 5-3　杨辉三角

本章小结

本章主要介绍了函数的相关知识,包括函数的概念、函数的参数、函数的返回值、变量的作用域、递归函数、函数式编程及常用模块和函数。

函数的概念部分介绍了如何定义函数和调用函数;函数的参数部分主要介绍参数的传递方式,包括默认参数传递、位置参数与关键字参数传递及可变参数传递;函数的返回值部分介绍了如何将函数结果传递给调用者;变量的作用域部分介绍了访问变量要遵循的 LEGB 原则并且不同变量的作用域也不同;递归函数部分介绍了如何用函数去实现递归算法;函数式编程介绍了匿名函数和高阶函数(包括 map()、reduce()、filter()函数);常用模块和函数部分介绍了 math 模块、随机数函数、time 模块、main()模块,其中时间相关模块的内容比较多,限于篇幅,本节只讲了入门内容,具体可以查阅 Python 开发文档或 Python 帮助。

本章内容可帮助读者充分利用这些函数,在实际应用中更好地提高应用的模块化,提升工作效率。

本章习题

一、填空题

1. 函数体的第一行语句可以使用_____,用于函数说明,利用文档字符串可以自动生成在线文档或打印版文档。
2. 函数定义之后,Python 解释器把函数名与_____关联在一起,把函数名指向的对象作为用户自定义函数。
3. 函数的_____是函数内部与外部交流的纽带,起传递数据的作用。
4. "﹡name"形式的可变参数会接收所有未命名的变量参数,并放入_____对象中,该元组可以包含形参列表之外的所有位置参数。
5. 函数中 return 用于返回数据给调用者,如果返回值是多个,则返回结果的数据类型为_____。
6. Python 中的作用域分四种情况,简称 LEGB 规则,其中的 L 含义是_____。
7. 如果想在函数中修改全局变量,需要在变量的前面加上_____关键字。
8. 下述程序执行后,执行的结果为_____:_____。

```
def test(a,b,c,d,e):
    print('number:',a,b,c,d,e)
num = {'c':3,'d':4,'e':5}
test(1,2,**num)
```

9. 用递归函数进行功能实现时,需要找到递归关系和递归出口,递归关系需要建立起 n 与_____步骤的数学关系式。
10. Python 支持函数式编程,允许把函数本身作为_____传入另一个函数,还允许返回一个函数。
11. _____就是没有名称的函数,不再使用 def 语句定义的函数。
12. 一个函数可以接收另一个函数作为参数,这种函数就称为_____。
13. _____函数可以对可迭代对象的所有元素按函数执行一个累积操作,返回累积计算所得到的唯一结果。
14. 生成 1~10 的随机整数,使用的语句为_____。
15. 时间模块中用得比较多的是_____,该元组共有九个元素,包含年、月、日、时、分、秒等信息。

二、选择题

1. Python 中一般采用(　　)关键字定义函数,后跟函数名与括号内的参数列表。
　　A. func　　　　B. def　　　　C. proc　　　　D. define
2. 定义函数时函数名后面的一对小括号中给出的参数称为(　　)。
　　A. 实参　　　　B. 形参　　　　C. 类型参数　　D. 名字参数

3. 可变参数传入函数后,会被看作是(　　)类型的变量。
   A. 字典　　　　B. 元组　　　　C. 集合　　　　D. 列表
4. 将一个函数的运算结果返回函数调用方,应使用(　　)语句。
   A. break　　　B. return　　　C. print　　　D. continue
5. 执行表达式 len(range(1,10)),执行后的结果为(　　)。
   A. 9　　　　　B. 10　　　　　C. 45　　　　　D. 55
6. 下列高阶函数中,(　　)函数可以接收两个参数,一个是函数,一个是 Iterable,它将传入的函数依次作用到序列的每个元素,并把结果作为新的 Iterator 返回。
   A. map()　　　B. reduce()　　C. filter()　　D. sorted()
7. 下列高阶函数中,(　　)函数可以用于过滤序列,过滤掉不符合条件的元素,返回符合条件的元素组成新列表。
   A. map()　　　B. reduce()　　C. filter()　　D. sorted()
8. 使用(　　)关键字声明匿名函数。
   A. def　　　　B. function　　C. lambda　　　D. procedure

三、判断题

1. 函数中使用 return 语句返回结果数据给调用者,不论返回值有多少个,都返回一个元组数据。(　　)
2. 函数中带有默认值的参数位置没有要求,主要参数的书写就可以。(　　)
3. 函数的返回值只能有 1 个。(　　)
4. global 和 nonlocal 关键字含义类似,在使用时可以互换,不会影响执行的功能。(　　)
5. 匿名函数不需要 return 语句,可以包含多个表达式,表达式的值就是返回值。(　　)

四、简答题

1. 什么是函数?函数定义与使用时需要注意的问题有哪些?
2. 什么是默认参数?简述默认参数使用时的注意事项。
3. 什么是位置参数传递和关键字参数传递?二者有何区别?
4. 什么是可变参数?可变参数前面加 * 和加 ** 有何区别?
5. 什么是变量的作用域?简述 LEGB 的含义。
6. 简述什么是函数式编程,有何作用。

五、编程题

1. 请编写递归编写函数 fac(n),实现整数 n 的阶乘计算:n! = 1 * 2 * 3 * … * n,并调用该函数,计算 10～20 的阶乘。
2. 编写程序,利用 map() 函数,将列表元素中的英文字符都转换成小写。例如:输入 ['Qingdao','DALIAN','xian'];输出 'qingdao','dalian','xian'。
3. 回文数是一个左右对称的整数,比如 131,1357531。请编写函数,判断用户输入的整数是否为回文数。
4. 定义一个可实现四则运算的函数 cal(),要求如下:

(1) 函数共包含三个参数：num1、num2 和 operator，其中参数 num1 和 num2 接收数据，而 operator 的默认值为＋，且只接收＋、－、＊、/中的任一运算符；

(2) 函数中根据相应的运算符执行相应的运算，并返回计算后的结果；

(3) 执行除法运算时，num2 的值不能为 0。

5. 汉诺塔问题是经典的心理学实验研究问题之一。相传在古印度圣庙中，有一种被称为汉诺塔(Hanoi)的游戏。该游戏是在一块铜板装置上，有三根杆(编号为 A、B、C)，在 A 杆自下而上、由大到小按顺序放置 64 个金盘，如图 5-4 所示。游戏的目标：把 A 杆上的金盘全部移到 C 杆上，并仍保持原有顺序叠好。操作规则：每次只能移动一个盘子，且在移动过程中三根杆上都始终保持大盘在下、小盘在上，操作过程中盘子可以置于 A、B、C 任一杆上。试利用函数编写程序解决该问题。

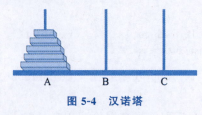

图 5-4　汉诺塔

第 6 章　海龟绘图

CHAPTER 6

章节导图

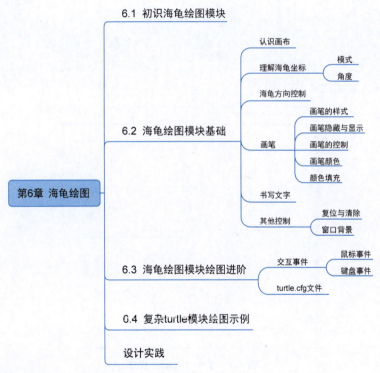

📖 学习目标

(1) 掌握海龟绘图模块绘图原理；
(2) 理解海龟绘图模块中的画布、坐标系；
(3) 理解海龟绘图模块图流程；
(4) 掌握画笔、方向控制、文字书写、背景设置等方法；
(5) 掌握海龟绘图模块基本绘图方法；

(6) 熟悉海龟绘图模块交互事件。

6.1 初识海龟绘图模块

海龟绘图模块(turtle 模块)是一款十分有趣的模块,最初来自 Wally Feurzeig、Seymour Papert 和 Cynthia Solomon 于 1967 年所创造的 Logo 编程语言。

假设绘图区有一只小海龟,起始位置在 x—y 平面的 (0,0) 点,朝向 x 轴的正前方。执行语句 turtle.forward(200),小海龟将向前爬行 200 像素,并在屏幕上留下 200 像素的爬行轨迹,绘制出一条线段。紧接着再执行语句 turtle.left(90),小海龟将原地左转 90°,朝向 y 轴的上方。再执行 turtle.forward(200),小海龟将沿 y 轴上方继续爬行 200 像素,……。代码如下:

```
# Example6.1 第一个 turtle 程序
import turtle                # 导入 turtle 库
turtle.forward(200)           # 沿初始方向前进 200 像素
turtle.left(90)               # 左转 90°
turtle.forward(200)           # 沿着 y 轴正向前进 200 像素
turtle.mainloop()             # 主程序循环
```

程序执行结果如图 6-1 所示。

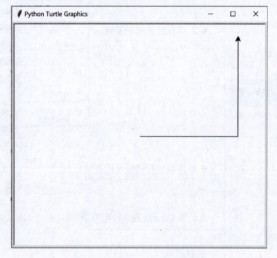

图 6-1 第一个 turtle 程序

运行这段程序,可以看到一个三角形的"小海龟"在屏幕上爬行的轨迹和绘制的过程。通过组合使用此类命令,可以轻松地绘制出精美的形状和图案。下面是 Python Docs 上给出的绘制太阳花的例子,示例代码如下:

```
# Example6.2 turtle star
from turtle import *
```

```
color('red', 'yellow')
begin_fill()
while True:
    forward(200)
    left(170)
    if abs(pos()) < 1:
        break
end_fill()
done()
```

上述代码运行结果如图 6-2 所示。

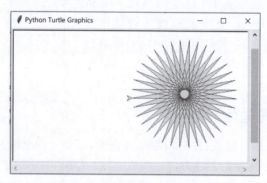

图 6-2　turtle 模块绘制太阳花

可以看出，turtle 模块利用简单的程序代码就可以绘制出精美的图片。利用 turtle 模块制作一些软件编程的教学示例，可以生动地将编程结构及方法展现出来。

目前的 turtle 模块基于 Python 2.5 以来的同名模块重新编写并进行了功能扩展，新模块尽量保持了原模块的特点，能够以交互方式使用其所有命令、类和方法。

6.2　海龟绘图模块基础

了解海龟绘图模块的基础知识，包括画布、画笔、坐标定位、运动控制等，并理解海龟运动及其控制原理之后，便可以进行趣味绘图了。

6.2.1　认识画布

视频讲解

小海龟绘图的区域称为画布，画布放在一个窗口中，默认窗口的名字是"Python turtle graphics demo."，默认窗口大小为 800×600，可以通过 turtle.setup() 和 Screen.screensize() 两个方法修改设置。

turtle.setup() 用于设置主窗口的大小和位置，格式如下：

```
turtle.setup(width, height, startx, starty)
```

其中，width 和 height 分别表示窗口的长度和宽度大小，当为整数时表示像素大小，当为浮点数时表示窗口占屏幕的百分比，width 默认为 50%，height 默认为 75%。startx 和 starty 表示窗口的所在的位置，分别表示窗口左、右边缘距离屏幕左边缘和屏幕上边缘的像素值，None 表示居中，负值表示距离屏幕右边缘或下边缘的距离。

turtle.screensize()用于查询或修改画布大小，其格式如下：

turtle.screensize(canvwidth = None, canvheight = None, bg = None)

其中，canvwidth 和 canvheight 分别表示画布的宽度和高度，单位为像素；bg 为设置的画布颜色，为颜色字符串或颜色元组。如果不指定参数，则返回当前画布的 (canvaswidth, canvasheight)，有参数则按参数值改变当前画布设置。如果画布尺寸大于窗口大小，则会在窗口边缘出现滚动条，用于观察画布的隐藏区域，如图 6-3 所示。

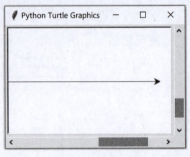

图 6-3　画布区域

视频讲解

6.2.2　理解海龟坐标

小海龟爬行的过程是由位置、方向和距离决定的，画布上的坐标系就像小海龟爬行过程中的 GPS 定位器，告诉小海龟的具体方位。海龟坐标采用图 6-4 所示的直角坐标，小海龟初始状态位于画布的中心，面朝东方，其中的坐标点都是以像素为单位的坐标，形式为(x,y)。

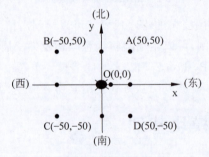

图 6-4　海龟坐标

turtle 库提供了几个与小海龟当前位置相关的函数或方法，如表 6-1 所示。

表 6-1　海龟坐标相关函数或方法

方法或函数	说　　明
turtle.position() 或 turtle.pos()	返回海龟当前坐标(x,y)
turtle.xcor()	返回海龟的 x 坐标
turtle.ycor()	返回海龟的 y 坐标
turtle.goto()或 turtle.setpos()或 turtle.setposition()	turtle.goto(x,y=None)，turtle.setpos(x,y=None)，turtle.setposition(x,y=None) 海龟移动到一个绝对坐标。如果画笔已落下将会画线，不改变海龟的朝向

示例程序如下:

```
# Example6.3 海龟坐标
import turtle as t
t.goto(50,50)            # 小海龟从当前位置,直线移动到(50,50)
print(t.pos())           # 显示小海龟当前位置
```

程序执行后,输出的海龟当前坐标为(50.00,50.00),绘图结果如图 6-5 所示。

图 6-5　海龟坐标示例结果

从绘图结果可以看出,小海龟从画布中心移动到了(50,50),但是小海龟的方向还是朝向东方,所有 goto()方法只是改变了小海龟的位置,小海龟的朝向并没有变化。

1. 模式

海龟绘图模块中有三种模式,这些模式的设置与小海龟的方向与坐标都有关系,不同模式下小海龟默认的朝向不同,角度的计算也不相同。查询当前模式或改变模式的方法为 mode(),其格式如下:

```
turtle.mode(mode = None)
```

该方法设置海龟模式("standard" "logo" 或 "world")并重置。如未指定模式则返回当前模式。表 6-2 是这三种模式的详细信息。

表 6-2　海龟绘图模块的模式

模　式	初始海龟朝向	正 数 角 度	说　　明
"standard"	朝右(东)	逆时针	Python 3 采用的默认方式。即以绘图界面的中心点为坐标原点(0,0),以 x 坐标正方向为 0 度角,逆时针旋转
"logo"	朝上(北)	顺时针	以绘图界面的中心点为坐标原点(0,0),以 y 坐标正方向为 0 度角,顺时针旋转
"world"	——	——	用户使用 setworldcoordinates 方法自定义的"世界坐标系"

```
# Example6.4 turtle 模式
import turtle as t
print(t.mode())          # 显示当前的模式
```

执行结果为 standard,说明小海龟默认的朝向为东。

2. 角度

方向的表示还与角度有关,小海龟的转向、当前位置的朝向等都与角度有关。turtle 模块中的角度有两种单位可以使用,即度(degrees)和弧度(radians),默认采用度作为角度的度量单位,即一个圆周为360°。有些场合也使用弧度,主要相关函数或方法如表 6-3 所示。

表 6-3 角度相关的函数或方法

方法或函数	说　　明
turtle.degrees()	turtle.degrees(fullcircle=360.0),设置角度的度量单位,即设置一个圆周为多少"度"。默认值为 360°
turtle.radians()	设置角度的度量单位为弧度,其值等于 degrees(2 * math.pi)
turtle.towards(x,y=None)	返回从小海龟位置到由(x,y)、矢量或另一个小海龟所确定位置的连线的夹角。此数值依赖于小海龟的初始朝向,这又取决于 "standard""world" 或 "logo" 模式设置。x 为一个数值或一个小海龟实例,当 x 为数值时 y 可以是一个数值,否则 y 为 None
turtle.heading()	返回小海龟当前的朝向

6.2.3 海龟方向控制

视频讲解

小海龟在移动过程中,会在画布上留下画线痕迹,可以控制小海龟爬行的方向和角度,从而实现绘图的目的。可以想象一只小海龟手拿一支画笔,画笔抬起不会画线,此时移动就不会留有轨迹,当画笔放下又开始画线。

小海龟的移动控制主要有方向移动、转向等,主要的函数或方法如表 6-4 所示。

表 6-4 小海龟移动控制相关的函数或方法

方法或函数	功　能	说　　明
turtle.forward()或 turtle.fd()	前进	turtle.forward(distance),或简写为 turtle.fd(distance)。小海龟前进 distance 指定的距离,方向为小海龟的朝向
turtle.back()或 turtle.bk()或 turtle.backward()	后退	turtle.back(distance)或 turtle.backward(distance),或简写为 turtle.bk(distance)。小海龟后退 distance 指定的距离,方向与小海龟的朝向相反。不改变小海龟的朝向
turtle.right()或 turtle.rt()	右转	turtle.right(angle)或简写为 turtle.rt(angle),小海龟朝向右转 angle 个单位,单位默认为角度,角度正负由海龟模式确定
turtle.left()或 turtle.lt()	左转	turtle.left(angle)或简写为 turtle.lt(angle),小海龟朝向左转 angle 个单位,单位默认为角度,角度的正负由海龟模式确定

续表

方法或函数	功能	说明
turtle.setheading(angle)	设置朝向	或简写为 turtle.seth(angle)，设置小海龟的朝向为 angle（0—东，90—北，180—西，270—南）
turtle.home()	小海龟复位	小海龟移至初始坐标（0,0），并设置朝向为初始方向

通过方向控制，可以方便地绘制一些图形，比如要绘制一个边长为100的正方形，就可以用如下代码实现：

```
#Example6.5 方向控制示例
import turtle as t
t.forward(100)          # 前进100
t.left(90)              # 左转90°
t.forward (100)         # 前进100
t.left(90)              # 左转90°
t.forward (100)         # 前进100
t.left(90)              # 左转90°
t.forward (100)         # 前进100
t.left(90)              # 左转90°
```

该程序中小海龟连续进行四次前进100左转90°，便完成了正方形的绘制，绘制完后小海龟依然位于坐标原点，方向朝东，结果如图6-6所示。

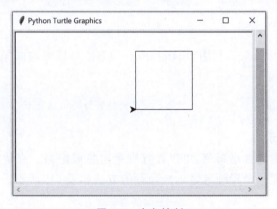

图6-6 方向控制

学习到这儿，就可以借助于方向控制及移动让小海龟绘制出一些精彩的图形了。下面的示例利用了一个循环，重复进行转向和前进，程序代码如下：

```
#Example6.6 飞动的叶片
import turtle as t
for i in range(100):
    t.left(61)          # 左转61°
    t.forward(i)        # 前进i
t.mainloop()
```

小海龟经过 100 次的循环绘制,得到了"飞动的叶片"的形状,如图 6-7 所示,绘制效果还是很精彩的。

6.2.4 画笔

在前面程序运行界面中,在画布中看到的向右的三角形就代表小海龟的一种画笔。在海龟绘图中,通过画笔可以控制线条的粗细、颜色、运动速度和画笔样式等。

1. 画笔的样式

画笔的样式默认为向右的箭头,可以通过 turtle.shape() 方法进行修改,该方法的格式如下:

图 6-7 飞动的叶片

```
turtle.shape(name = None)
```

turtle.shape()设置海龟形状为 name 指定的形状,如未指定形状名则返回当前的形状名。name 指定的形状名应存在于 TurtleScreen 的 shape 字典中。多边形的形状初始时有以下几种:"arrow""turtle""circle""square""triangle""classic",其样式如图 6-8 所示。

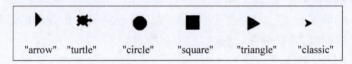

图 6-8 turtle 画笔形状

画笔形状默认为"classic",利用 turtle.shape()方法可以修改画笔形状。以下程序将画笔设置为 turtle 形状:

```
turtle.shape("turtle")                    # 设置画笔为 turtle 形状
```

2. 画笔隐藏与显示

屏幕上显示的小海龟就是画笔,可以设置画笔可见或隐藏。在绘制复杂图形时隐藏海龟可显著加快绘制速度。设置画笔显示与隐藏的方法如表 6-5 所示。

表 6-5 画笔的显示与隐藏

方法或函数	功 能	说 明
turtle.showturtle()或 turtle.st()	显示画笔	显示小海龟
turtle.hideturtle()或 turtle.ht()	隐藏画笔	使小海龟不可见
turtle.isvisible()	判断画笔是否显示	如果海龟显示则返回 True,如果海龟隐藏,则返回 False

视频讲解

3. 画笔的控制

画笔的控制主要包括画笔抬起、画笔落下、画笔粗细、画笔移动速度及画圆、画点等,主要函数或方法如表 6-6 所示。

表 6-6 画笔控制

方法或函数	功能	说明
turtle.pendown()	画笔落下	可简写为 turtle.pd() 或 turtle.down()，画笔落下，小海龟移动时将画线
turtle.penup()	画笔抬起	可简写为 turtle.pu() 或 turtle.up()，画笔抬起，小海龟移动时不画线
turtle.pensize(width=None)	设置画线宽度	或 turtle.width(width=None)，设置线条的粗细为 width 或返回该值。如未指定参数，则返回当前的 pensize
turtle.circle(radius, extent=None, steps=None)	画圆	绘制一个半径为 radius 的圆。圆心在小海龟左边 radius 个单位；extent 为一个夹角，用来决定绘制圆的一部分。圆实际是以其内切正多边形近似表示的，其边的数量由 steps 指定，如指定 steps，则间接绘制该多边形
turtle.dot(size=None, *color)	画点	绘制一个直径为 size、颜色为 color 的圆点。如果 size 未指定，则直径取 pensize+4 和 2×pensize 中的较大值
turtle.speed(speed=None)	小海龟移动速度	参数 speed 是一个 0~10 的整数或字符串，如未指定参数则返回当前速度。如果输入数值大于 10 或小于 0.5，则速度设为 0。速度设为 10，表示最快且有动画，为 1，表示最慢，为 0，表示最快且无动画。如果输入是字符串，则"fastest"表示 0，最快；"fast"表示 10，快；"normal"表示 6，正常；"slow"表示 3，慢；"slowest"表示 1，最慢

可以利用本节所学的画笔控制，在图 6-7 示例代码中添加圆弧，不绘制直线，利用画笔抬起和画笔落下控制，实现如图 6-9 所示的绘图效果。

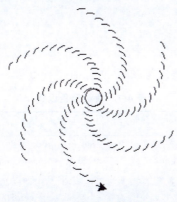

图 6-9 画笔控制示例

图 6-9 利用循环结构，增加圆弧绘制，设置画笔移动速度为 6，实现代码如下：

```
#Example6.7 画笔控制
import turtle as t
t.speed(6)                    # 设置小海龟移动速度
t.circle(10)                  # 绘制中间圆
for i in range(100):
    t.circle(10,61)           # 绘制圆弧
    t.penup()                 # 画笔抬起
    t.forward(i)              # 前进 i,不画线
    t.pendown()               # 画笔落下
t.mainloop()
```

4. 画笔颜色

视频讲解

turtle 模块颜色设置可以采用多种模式,既可以利用颜色字符串,也可以利用 r,g,b 颜色三元组进行设置,这些颜色的设置与 turtle 模块的 colormode()方法的设置有关,colormode()方法的格式如下:

```
turtle.colormode(cmode = None)
```

其中,cmode 取值为 1.0 或 255;cmode 为 None 时,返回当前颜色模式。cmode 默认值为 1.0,颜色设置为 Tk 颜色描述字符串,例如 "red""yellow" 或 "#33cc8c",其中 "#33cc8c" 形式为 RGB 颜色十六进制值组合起来的形式。当 cmode 为 255 时,构成颜色三元组的 r,g,b 数值必须在 0~255。

画笔颜色主要使用 pencolor()方法进行设置,格式如下:

```
turtle.pencolor( * args)
```

turtle.pencolor()语句没有参数时用于返回当前画笔的颜色,例如:

```
>>> import turtle as t
>>> t.colormode()             # 获取颜色模式
1.0
>>> t.pencolor()              # 获取当前画笔颜色
'black'
```

利用 turtle.pencolor()设置画笔颜色,可以有三种方法,如表 6-7 所示。

表 6-7 画笔颜色设置

方法或函数	说 明
turtle.pencolor(colorstring)	设置画笔颜色为 colorstring 指定的 Tk 颜色描述字符串,例如 "red" "yellow" 或 "#33cc8c"。colormode 需要为 1.0
turtle.pencolor((r,g,b))	设置画笔颜色为以 r,g,b 元组表示的 RGB 颜色。当 colormode=1.0 时,r,g,b 值为 0~1 的数;当 colormode=255 时,r,g,b 值为 0~255 的数
turtle.pencolor(r,g,b)	设置画笔颜色为以 r,g,b 表示的 RGB 颜色,r,g,b 取值同上

颜色设置的示例程序如下所示,示例中对几种设置方法都进行了尝试,绘制了四条边不同颜色的正方形,代码如下:

```
#Example6.8 画笔颜色
import turtle as t
t.pencolor("red")                # 设置画笔为红色
t.forward(100)
t.pencolor("#ff00ff")            # 设置画笔为紫色(255,0,255)
t.left(90)
t.forward(100)
t.pencolor(0.5,0.5,0.5)          # 设置画笔为灰色,等价于(127,127,127)
t.left(90)
t.forward(100)
t.colormode(255)                 # 设置 colormode 为 255
t.pencolor((255,128,0))          # 利用颜色三色组设置颜色为橙色
t.left(90)
t.forward(100)
t.done()                         # 主事件循环
```

执行结果如图 6-10 所示。

5. 颜色填充

图形填充颜色通过 turtle.fillcolor(*args) 返回或设置填充颜色,fillcolor() 方法的用法与 pencolor() 方法相同,不带参数表示返回当前填充颜色,带有参数的颜色设置方法与表 6-7 相同。

在 turtle 中,还提供了 color() 方法,可以一次完成画笔颜色和填充颜色设置,其语法格式如下:

图 6-10 画笔颜色控制

视频讲解

```
turtle.color(*args)
```

turtle.color() 返回或设置画笔颜色和填充颜色。当不带参数时,turtle.color() 返回一对颜色描述字符串或元组表示的当前画笔颜色和填充颜色。如下所示:

```
>>> import turtle as t
>>> t.pencolor("black")          # 画笔颜色"black"
>>> t.fillcolor("white")         # 填充颜色"white"
>>> t.color()                    # 无参数,获取当前画笔颜色和填充颜色
('black', 'white')
```

turtle.color() 也可以带有参数,形式为 color(colorstring)、color((r,g,b)) 或 color(r,g,b),输入格式与 pencolor() 相同,同时设置填充颜色和画笔颜色为指定的值,比如设置画笔颜色为红色,填充颜色为黄色,就可以使用如下语句:

```
>>> import turtle as t
>>> t.color("red","yellow")      # 设置画笔颜色"red",填充颜色"yellow"
```

设置好画笔颜色与填充颜色之后,就可以对绘制的图形进行填充,流程如图 6-11 所示。首先在绘制图形之前,使用 begin_fill() 方法声明准备填充,表示后续再绘制的图形要进行填充,然后绘制一些需要填充的图形,最后调用 end_fill() 方法对本条语句之前的图形进行填充。

例如,要绘制图 6-12 所示彩色五角星,就可以利用本节所讲的 color()、begin_fill()、end_fill() 等方法完成。

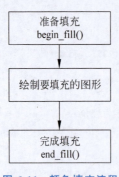

图 6-11 颜色填充流程

图 6-12 彩色五角星

参考代码如下所示,先绘制五角星,使用黄色填充,画笔颜色为红色,然后抬笔移动小海龟,反向绘制圆,使用白色填充。

```
#Example6.9 颜色填充
import turtle as t
t.color("red", "yellow")        # 设置画笔颜色为红色,填充颜色为黄色
t.begin_fill()                  # 准备填充
for count in range(5):          # 绘制五角星
    t.fd(200)
    t.right(144)
t.end_fill()                    # 对 begin_fill 之后的图形进行填充
t.pu()                          # 笔抬起
t.forward(100)                  # 前进 100,不画线
t.pd()                          # 笔放下
t.fillcolor("white")            # 设置新的填充颜色
t.begin_fill()                  # 准备填充
t.circle(-32)                   # 反方向绘制圆
t.end_fill()                    # 对前一个 begin_fill 之后的图形进行填充
t.hideturtle()                  # 隐藏小海龟
t.done()                        # 主事件循环
```

有时需要知道当前是否处于填充状态,turtle 模块提供了 turtle.filling() 方法反馈当前的填充状态,如果处于填充状态则反馈 True,否则为 False。例如,在以下示例程序中,如果处于填充状态中,则将画笔的尺寸设置为 5,否则设为 3,程序如下:

```
>>> turtle.begin_fill()
>>> if turtle.filling():
...     turtle.pensize(5)
```

```
... else:
... turtle.pensize(3)
```

6.2.5　书写文字

在画布上书写文字可以使用 write()方法，其格式如下：

```
turtle.write(arg, move = False, align = 'left', font = ('Arial', 8, 'normal'))
```

该方法会将要显示内容的 arg 对象写到当前小海龟位置，并按规定字体进行排列。write()方法主要的参数如下：

（1）arg 是要书写到 TurtleScreen 的对象，可以为字符串。

（2）move 表示画笔是否会移动到文字的尾端，取值为 True 或 False，默认为 False，如果为 True，则书写文字后画笔会移至文本的右下角。

（3）align 表示字符串的排列方式，可以为'left''center'或'right'。

（4）font 表示文字的字体、字号和类型，是一个三元组（fontname，fontsize，fonttype）。write()方法的示例代码如下：

```
#Example6.10 write()方法示例
import turtle as t
t.forward(20)
t.write(" I ",True)                              # 写文字 I,画笔移动至字符串右下端
t.left(90)                                       # 画笔左转 90°
t.forward(20)
t.write("Love",True,font = ("宋体",10,"normal"))   #写文字 Love
t.forward(20)
t.write("Study",True,font = ("宋体",15,"bold"))    #写文字 Study
t.forward(20)
t.pencolor("red")
t.write("Python",True,font = ("宋体",20,"italic")) #写文字"Python"
t.done()
```

执行结果如图 6-13 所示。

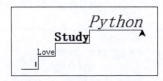

图 6-13　write()方法示例

6.2.6　其他控制

1. 复位与清除

有时需要清除海龟绘图画面，turtle 模块提供了几种清除的方法，如表 6-8 所示，可以根据需求选择。

表 6-8 窗口控制

方法或函数	说明
turtle.reset()	从屏幕中删除所有绘图,小海龟回到原点并设置所有变量为默认值
turtle.resetscreen()	清除屏幕上的所有绘图,重置屏幕上的所有海龟
turtle.clear()	从屏幕中删除当前海龟绘图,但不移动海龟,小海龟的状态和位置及其他小海龟的绘图不受影响
turtle.clearscreen()	删除所有海龟的全部绘图,重置为初始状态:白色背景,无海龟画笔,无背景片,无事件绑定并启用追踪

2. 窗口背景

可以利用 bgcolor() 或 bgpic() 方法设置窗口的背景颜色或者背景图片,具体用法如表 6-9 所示。

表 6-9 窗口背景

方法或函数	说明
turtle.bgcolor(*args)	设置窗口背景颜色。args 为颜色字符串、三个取值范围为 0~colormode 的数值或一个取值范围相同的数值三元组。无参数表示返回 TurtleScreen 的背景颜色
turtle.bgpic(picname=None)	设置窗口背景图片。如果 picname 为一个文件名,则将相应图片设为背景。如果 picname 为 "nopic",则删除当前背景图片。如果 picname 为 None,则返回当前背景图片文件名

例如,修改屏幕背景为淡绿色(221,255,221),可以使用 bgcolor() 方法进行设置,示例代码如下:

```
# Example6.11 bgcolor()设置窗口背景色
import turtle
turtle.colormode(255)                    # 颜色模式设置为 255
screen = turtle.Screen()
screen.bgcolor(221,255,221)              # 设置窗口背景颜色为 RGB(221,255,221)
turtle.done()
```

执行结果如图 6-14 所示。

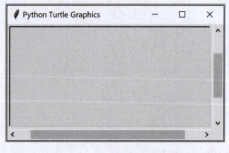

图 6-14 设置窗口背景色

6.3 海龟绘图模块绘图进阶

除了前面介绍的基本操作外,海龟绘图模块(turtle 模块)还支持与鼠标或键盘的交互操作,提供了监听鼠标事件、键盘事件等方法。另外,turtle 模块还支持用户自行配置画布和海龟。下面分别进行介绍。

6.3.1 交互事件

1. 鼠标事件

1) onclick()

该方法用于将函数绑定到 turtle 对象或画布的鼠标单击事件上。使用格式如下:

```
turtle.onclick(fun, btn = 1, add = None)
```

或:

```
turtle.Screen.onclick(fun, btn = 1, add = None)
```

主要参数的含义及使用方法如下:

(1) fun:参数 fun 是一个带有两个参数的函数,它将与画布上单击点的坐标(x,y)一起被调用。如果参数 fun 为 None,则删除现有绑定。

(2) btn:参数 btn 为整数,表示鼠标按钮对应的数字,默认为 1。其中,1 表示鼠标左键,2 表示鼠标中间键,3 表示鼠标右键。

(3) add:参数 add 可以为 True 或 False 或 None,如果为 True,将添加一个新的绑定,否则将替换之前的绑定。

turtle.onclick()方法是单击小海龟时触发,而 turtle.Screen.onclick()方法是在画布中任意位置单击时都可以触发。要想实现在画布中任意位置单击完成相应的动作,也可以使用以下方法:

```
turtle.onscreenclick(fun, btn = 1, add = None)
```

鼠标单击事件具体使用示例如下:

```
#Example6.12 click()方法使用
import turtle
def turn(x,y):
    turtle.left(90)
    turtle.forward(100)
turtle.onclick(turn)
turtle.done()
```

运行程序后单击一次小海龟,小海龟将左转 90°,前进 100 像素。单击 4 次小海龟,可以逆时针绘制一个边长 100 的正方形。运行结果如图 6-15 所示。

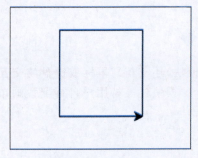

图 6-15 onclick 事件

如果使用语句 turtle.onscreenclick(turn)或 turtle.onscreenclick(turn)代替 turtle.onclick(turn)，则在屏幕中任意位置单击绘制图形，同样可以实现单击 4 次完成边长 100 的正方形的绘制。

2) onrelease()

该方法是将函数绑定到小海龟的鼠标按钮释放事件上。使用格式如下：

onrelease(fun, btn = 1, add = None)

其参数使用方法同 onclick()方法。鼠标按钮释放事件具体使用示例如下：

```
# Example6.13 onrelease()方法使用
def colorfill(x,y):
    turtle.fillcolor("red")
turtle.onrelease(colorfill)
```

运行程序后，单击鼠标按钮并释放，小海龟将变为红色。

3) ondrag()

该方法将函数绑定到小海龟上的鼠标移动事件。具体使用格式如下：

ondrag(fun, btn = 1, add = None)

其参数使用方法同 onclick()方法。

💡 **注意**：在小海龟上的每个鼠标移动事件之前都有一个鼠标左键按下事件发生。鼠标移动事件具体使用示例如下：

```
# Example6.14 ondrag()方法使用
import turtle
turtle.ondrag(turtle.goto)
turtle.done()
```

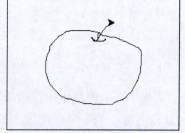

运行程序后，可以将鼠标指针移到小海龟上，并按住鼠标左键进行拖动，绘制任意图形。运行结果如图 6-16 所示。

图 6-16 ondrag 事件

2. 键盘事件

在 turtle 模块中使用键盘事件前要先使画布获得焦点，为此 turtle 模块中提供了对键盘事件进行监听的方法。下面介绍常用的键盘事件。

1) listen()

该方法可执行键盘事件监听，即将焦点设置在画布上，以便收集键盘事件。具体使用格式如下：

```
turtle.listen(xdummy = None, ydummy = None)
```

提供两个伪参数，以便传递 listen() 给 onclick 方法。

2）onkey() 或 onkeyrelease()

该方法可将函数与键盘上的按键释放事件绑定。具体使用格式如下：

```
onkey(fun, key) 或 onkeyrelease(fun, key)
```

主要参数如下：

（1）fun：参数 fun 可以是一个无参数的函数，也可以为 None。如果参数 fun 为 None，则删除事件绑定。

（2）key：参数 key 是字符串，指定按键（如 A）或按键符号（如 Space），如果不指定 key，则可以用空字符串，但 key 参数不能省略。

3）onkeypress()

该方法可将函数与键盘上的按键事件绑定。具体使用格式如下：

```
onkeypress(fun, key = None)
```

参数使用方法基本与 onkey() 或 onkeyrelease() 的参数一致，但 key 可以省略。如果给定 key，则将函数 fun 绑定到给定键的按键事件上；如果没有给定 key，则绑定到任何键的按键事件上。

键盘事件示例如下：

```
# Example6.15 键盘事件示例
import turtle
def move():
    turtle.left(90)
    turtle.forward(100)
def changcolor():
    turtle.color('blue')
turtle.listen()                     # 对键盘事件进行监听
turtle.onkey(move,'a')
turtle.onkeypress(changcolor)
turtle.done()
```

运行以上程序可以发现，当按下 A 键时，小海龟会变为蓝色并向上绘制长为 100 的直线。如果按下的是其他键，则只改变小海龟的颜色，并不会绘制任何图形。

6.3.2　turtle.cfg 文件

在创建 Turtle 对象时，会创建窗口和画布。turtle.cfg 文件是 turtle 库内置的默认配置文件，包含 turtle 模块的相关默认配置。Python 官方提供的 turtle.cfg 配置文件位于

turtledemo 项目文件夹中。如果想使用更好地反映该模块功能或更适合需求的其他配置，可以自行准备一个配置文件 turtle.cfg，该文件将在导入时读取，其中的规则将用于创建窗口和画布。

在 turtle.cfg 文件里会有以下内容：

```
# Example6.16 turtle.cfg 文件
width = 800
height = 600
canvwidth = 1200
canvheight = 900
shape = arrow
mode = standard
resizemode = auto
fillcolor = ""
title = Python turtle graphics demo.
```

上述程序的简要说明如下：
(1) 前两行对应函数 setup() 的参数。
(2) 第三行和第四行对应于函数 screensize() 的参数。
(3) shape 可以是任何内置的海龟形状，如 arrow、turtle 等。可参考函数 shape()。
(4) mode 为海龟绘图模式。
(5) 如果想要反映海龟的状态，则必须写成 resizemode＝auto。
(6) 如果不想使用 fillcolor(比如想让海龟透明)，则必须写成 fillcolor ＝ ""。
(7) title 为标题名称。

注意，所有非空字符串在 turtle.cfg 文件中都不能有引号。

turtle.cfg 文件默认存放在 Python 安装路径下的 Lib\turtledemo 文件夹内。当然 turtle.cfg 文件也可以保存于 turtle 模块所在目录，该目录下也可以有一个同名文件，后者会在重载时覆盖前者的配置。

6.4 复杂海龟绘图模块绘图示例

借助于 turtle 模块(海龟绘图模块)可以实现一些复杂而有趣的设计，网上可以查到许多有意思的设计案例。Python 提供了一组 turtle 模块的演示脚本，称为 turtledemo，这些脚本可以通过演示查看器运行和查看。

在 DOS 命令提示符中输入 python-m turtledemo 命令，如图 6-17 所示。

turtledemo 启动后可以启动图 6-18 所示的演示查看器。

turtledemo 一共提供了 19 个演示程序，可以从菜单中选择。turtledemo 演示查看器左侧窗口中显示程序代码。单击 START 按钮，会在右侧窗口显示程序执行结果。turtledemo 提供的这 19 个示例都是典型的 turtle 模块设计应用，可供参考。

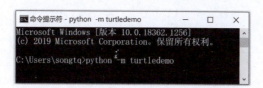

图 6-17　启动 turtledemo

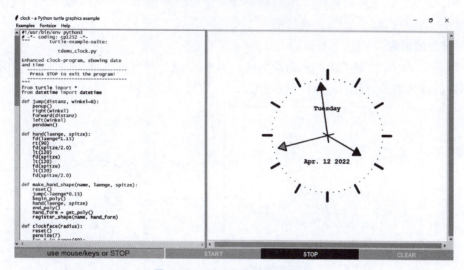

图 6-18　turtledemo 演示查看器

turtledemo 中所有示例的设计源程序可以在 Python 安装目录下的…\Lib\turtledemo 文件夹找到。图 6-19 是其中几个示例的运行结果截图，可以打开 turtledemo 演示查看器或找到源程序进行查看。

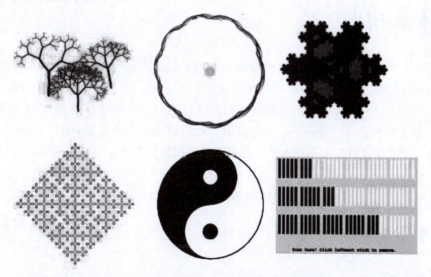

图 6-19　部分 turtledemo 演示程序运行截图

设计实践

视频讲解

视频讲解

1. 旋转的文字

turtle 模块可以使用简单的语句实现旋转文字的动画效果。参考飞动的叶片示例,实现图 6-20 所示的 Python 的飞速旋转吧。

2. 可爱的熊猫

可以利用 turtle 绘制可爱的熊猫简笔画。图 6-21 是一只可爱的熊猫,它所有的图案都是由不同的圆构成的,请编写程序实现它吧。

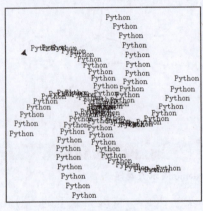

图 6-20　旋转的文字　　　　　　　　图 6-21　可爱的熊猫

本章小结

本章主要介绍了海龟绘图模块的相关知识,包括初识海龟绘图模块、海龟绘图模块基础、海龟绘图模块绘图进阶和复杂海龟绘图模块绘图示例。初识海龟绘图模块部分介绍了海龟绘图的基本过程;海龟绘图模块基础部分从画布、画笔、坐标定位、运动控制等方面详细介绍了海龟绘图的方法及过程;海龟绘图模块绘图进阶部分主要介绍了鼠标事件、键盘事件和通过配置文件设置海龟和画布;复杂海龟绘图模块绘图示例部分更深入地讲解了海龟绘图。

通过本章的学习,读者可以轻松绘制各种有趣的图形。

本章习题

一、填空题

1. turtle 模块中的角度有两种单位可以使用,即_____和_____。

2. 在画布上书写文字可以使用_____方法。
3. 小海龟初始状态位于画布的_____,面朝东方。
4. 小海龟爬行的过程是由_____、_____和_____确定的。
5. 为一个闭合的形状填充颜色时,需要使用语句 turtle.begin_fill()和_____。
6. 通过_____可以控制线条的粗细、颜色、运动速度和画笔样式等。

二、选择题

1. turtle.speed()可以为小海龟设置爬行的速度,当希望跳过小海龟的移动过程,直接得到程序绘制的图形时,speed()的参数值应该是(   )。
   A. 10   B. 0   C. 5   D. 1
2. turtle 方法的(   )可以用来设置小海龟的朝向。
   A. setheading()   B. sethead()   C. head()   D. heading()
3. 执行以下(   )方法后,可以设置小海龟在移动过程中不留下痕迹。
   A. down()   B. up()   C. right()   D. left()
4. 如果使用了 goto(0,0)的函数调用,执行该语句后,海龟的位置在(   )。
   A. 屏幕左上角   B. 屏幕右上角   C. 屏幕中央   D. 屏幕左下角
5. 以下语句执行的效果是(   )。

    turtle.circle(-90,90)

   A. 绘制一个半径为 90 的弧形,圆心在小海龟行进方向的右侧
   B. 绘制一个圆心在(-90,90)的圆
   C. 绘制一个半径为 90 的圆形
   D. 绘制一个半径为 90 的弧形,圆心在小海龟行进方向的左侧
6. 下列(   )方法可以用来控制画笔的尺寸。
   A. penup()   B. pencolor()   C. pensize()   D. pendown()
7. 当想为一个闭合的圆填充红色时,会使用语句 turtle.begin_fill()和 turtle.end_fill(),但当忘记使用 turtle.end_fill()时,会出现什么现象?(   )
   A. 程序出错   B. 一个红色的圆
   C. 圆里无红色填充   D. 画布被填充成红色
8. 如果希望让小海龟的画笔方向朝向上方,应该执行以下哪一个方法?(   )
   A. setheading(90)   B. setheading(0)
   C. setheading(180)   D. setheading(-90)
9. 如果以 color('#FF0000','#0000FF')设置小海龟的颜色,以下选项哪一个是正确的?(   )
   A. 轮廓颜色是蓝色,填充颜色是绿色
   B. 轮廓颜色是红色,填充颜色是蓝色
   C. 轮廓颜色是蓝色,填充颜色是红色
   D. 轮廓颜色是红色,填充颜色是黄色

10. 下列导入 Turtle 库的方式正确的是(　　)。

    A. import turtle　　　B. import (turtle)　　C. class turtle　　　D. def turtle

11. 以下设置画布命令正确的是(　　)。

    A. turtle.screensize(800,blue,"600")

    B. turtle.screensize(800,600,"green")

    C. turtle.screensize("green";800;600)

    D. turtle.screensize("800","600","green")

12. turtle.goto(x,y)的含义为(　　)。

    A. 以当前坐标为原点,画一个长为 x、宽为 y 的矩形

    B. 画笔提起,移动到坐标为(x,y)的位置

    C. 按照现在画笔状态,将画笔移动到坐标为(x,y)的位置

    D. 将当前原点移动到(x,y)的位置

13. 下面哪个命令是逆时针旋转 90°?(　　)

    A. turtle.right(90)　　　　　　　　B. turtle.left(90)

    C. turtle.goto(0,90)　　　　　　　D. turtle.goto(90,0)

14. 默认情况下,小海龟的前进方向是往哪个方向?(　　)

    A. 屏幕窗口的右边　　　　　　　　B. 屏幕窗口的左边

    C. 屏幕窗口的上边　　　　　　　　D. 屏幕窗口的下边

15. 下面哪一段代码是海龟走到指定坐标然后左转 90°?(　　)

    A. turtle.goto(90,0)turtle.left(90)

    B. turtle.left(90)turtle.goto(90,0)

    C. turtle.goto(90,0)turtle.right(90)

    D. turtle.right(90)turtle.goto(90,0)

16. turtle.speed()命令设定笔运动的速度,其参数范围是(　　)。

    A. 0~10 的整数　　　　　　　　　B. 1~10 的整数

    C. 0~100 的整数　　　　　　　　D. 1~100 的整数

17. turtle.circle(120,180)是绘制一个什么样的图形?(　　)。

    A. 半径为 180 的扇形　　　　　　B. 半径为 120 的半圆

    C. 半径为 120 的圆形　　　　　　D. 半径为 180 的圆形

18. turtle.setup()命令中坐标的起始点是(　　)。

    A. 绘图界面的左上角

    B. 绘图界面的右上角

    C. 绘图界面的正中间

    D. 绘图界面的最上方正中间

19. 下面的哪一个命令不是画笔控制的命令?(　　)

    A. turtle.up()　　　　　　　　　　B. turtle.pd()

C. turtle.pensize()　　　　　　　　D. turtle.screensize()

三、编程题

1. 使用海龟绘图,绘制一些简易的几何图案,例如圆、三角形、矩形、扇形、菱形等,并填充颜色,练习基本的海龟绘图方法。

2. 使用海龟绘图,绘制一个简易的花朵,并填充颜色。

3. 使用海龟绘图,编写一个绘制椭圆的函数,参数可以有椭圆的轴长和位置。

第 7 章 文 件 操 作
CHAPTER 7

章节导图

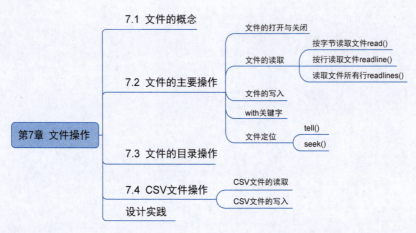

学习目标

（1）理解文件的概念；
（2）掌握文件的打开和关闭；
（3）掌握文件的指针及定位；
（4）掌握文件的读写、删除等主要操作；
（5）掌握文件的目录操作；
（6）掌握 CSV 文件的读写操作。

7.1 文件的概念

文件是存储在计算机存储介质上的数据集合，与文件所在路径及文件名相关联。文件的基本单位是字节，文件所含字节的数量就是文件的长度。文件中从第一字节到最后一字节都有序号，序号从 0 开始，每个字符占一字节。文件可以按字节读取，也可以按行

读取。

根据其中存储的数据编码方式不同,文件可分为二进制文件和文本文件两种。二进制文件按照对象在内存中的内容,以字节串(bytes)的形式存储数据,不能使用文本编辑器进行编辑;文本文件存储的是字符串形式,由文本构成,每行以换行符"\n"结尾,可以使用文本编辑器进行编辑。

7.2 文件的主要操作

如果要对文件进行操作,首先要与待操作的文件建立联系,这个过程通常称作文件的打开。打开文件后会返回文件对象,并可基于该对象对文件进行读写、删除等操作。下面讲解Python中支持的常用文件操作。

7.2.1 文件的打开与关闭

视频讲解

Python 中打开文件使用 open()方法,并返回文件对象,格式如下:

```
f = open(file,mode = 'r', encoding = None)
```

打开 file 并返回对应的文件对象(file object)。借助文件对象可以查看打开文件的信息,比如采用 file.name 语句可以查看被打开文件的名称,采用 file.mode 语句可以查看被打开文件的访问模式,采用 file.closed 语句可以查看文件是否已经关闭。

file 是要打开的文件及路径,是一个文件名字符串,也可以是要封装文件对应的整数类型文件描述符。

mode 是可选的字符串,用于指定打开文件的模式,默认值是'r',表示以文本模式打开并读取文件。具体参数取值如表 7-1 所示。

表 7-1 文件的访问模式

访问模式	说 明
'r'	默认模式,以文本模式打开并读取文件
'w'	写入,已存在的文件被清空
'x'	排他性创建,如果文件已存在则失败
'a'	打开文件用于写入,如果文件存在则在末尾追加
'b'	二进制模式
'+'	打开用于更新(读取与写入)

访问模式可以合理组合使用,'w+' 和 'w+b' 模式将打开文件并清空内容,而 'r+' 和 'r+b' 模式将打开文件但不清空内容。

以只读方式打开文件时要保证文件是存在的,如果该文件不能被打开,则引发 OSError。打开的文件处理完成后,需要使用 close()方法关闭文件,释放文件占用的系统资源,示例程序如下:

```
#Example7.1 文件打开与关闭
f = open('test.txt', 'r')        # 打开 test.txt,返回文件对象给 f
f.close()                        # 关闭文件对象 f
```

encoding 参数是文件编码的名称,只在文本模式下使用,默认编码依赖于平台。在文本模式下,如果未指定 encoding 参数,则会根据当前平台决定编码格式,可以通过调用国际化服务模块 locale 中的 locale.getpreferredencoding(False) 获取当前地区编码,比如:

```
>>> import locale
>>> locale.getpreferredencoding(False)
'cp936'                 #gbk 编码的别名,统一汉语
```

在使用默认 encoding 参数读取文本文件时,有可能会出现 UnicodeDecodeError 报错,示例错误提示如图 7-1 所示。

```
UnicodeDecodeError: 'gbk' codec can't decode byte 0xba in position 17: illegal multibyte sequence
```

图 7-1 **UnicodeDecodeError 错误提示**

这通常是编码方面的问题,将编码方式修改为 'utf_8' 通常可以解决该问题,参考代码如下:

```
#Example7.2 打开文件时指定编码格式
f = open('zen.txt', 'r', encoding = 'utf_8')
for line in f:          #对 f 进行遍历
    print(line, end = '')
f.close()
```

  知识拓展:标准编码

(1) Python 解释器执行文件操作时,要将文件字节串按照指定的编码格式解码为字符。

(2) Python 3 默认编码是 UTF-8。如果文件未标明编码格式,解释器会自动按照 UTF-8 解码。当解释器无法通过指定的或默认的编码格式对文件进行解码时,就会给出解码错误提示:UnicodeEncodeError。

(3) Python 自带了许多内置的编解码器,Python 官方文档中给出了编解码器列表,并提供了一些常见别名以及编码格式通常针对的语言。

(4) 编解码器名称具有兼容性,编码名称中大小写区别或使用连字符替代下画线的拼写形式都认为是有效别名,因此,'utf-8''UTF_8''utf_8''Utf_8'等都是有效别名,都被认为是有效的编解码器名称。

(5) 若要读写原始字节格式,应使用二进制模式且不要指定 encoding 参数。

7.2.2 文件的读取

文件可以按照字节读取,也可以按行读取。按照字节读取需要知道当前的文件指针和读取的字节数,使用 read()函数进行读取。按行读取可以读取一行(readline())或依次读取所有行(readlines())。

1. 按字节读取文件

read()方法用于从文件读取指定的字节数,并返回字符串(文本模式)或字节串对象(在二进制模式下)。假设 f 为 open()函数返回的文件对象,read()方法的格式如下:

```
f.read(size)
```

其中,size 是可选的数值参数,当省略 size 或 size 为负数时,read()函数读取并返回整个文件的内容;当 size 取其他值时,read()函数读取并返回最多 size 个字符(文本模式)或 size 字节(二进制模式),文件指针根据读取的字节数进行移动。如已到达文件末尾,则返回空字符串(''),示例代码如下:

```
#Example7.3 读取文件到达文件尾返回空字符
f.read()                #读取全部内容,文件指针到达文件末尾
'This is the entire file.\n'
f.read()                #已经到达文件末尾,此时返回空字符串
''
```

例如,已知当前工程目录下有一个名为 zen.txt 的文本文件,文件中是通过在 Python 环境中运行 import this 命令输出的内容。使用 read()方法读取该文件,示例代码如下:

```
#Example7.4 rend()方法读取文件
f = open('zen.txt', 'r')      # 以只读模式打开
content = f.read(10)          # 读取 10 字节
print(content)
content = f.read(22)          # 再读取 22 字节
print(content)
f.close()                     # 关闭文件
```

运行结果如下:

```
The Zen of              # 第一次读取内容
Python, by Tim Peters   # 第二次读取内容
```

可以看到,每次读取后,文件指针都顺序往后移动。

2. 按行读取文件

readline()方法从文件中读取单行数据,字符串末尾保留换行符(\n),只有在文件不以换行符结尾时,文件的最后一行才会省略换行符。这种方式让返回值清晰明确,只要返回空字符串,就表示已经到达了文件末尾,空行使用 '\n' 表示,该字符串只包含一个换行符。

readline()方法的格式如下：

```
f.readline()
```

使用 readline() 方法进行单行读取的示例代码如下：

```
#Example7.5 rendline()方法读取单行数据
f = open('zen.txt', 'r')
content = f.readline()
print("读取的第一行内容为:", content)              # 读取第一行
content = f.readline()
print("读取的第二行内容为:", content)              # 读取第二行
content = f.readline()
print("读取的第三行内容为:", content)              # 读取第三行
f.close()
```

运行结果如下：

```
读取的第一行内容为: The Zen of Python, by Tim Peters
读取的第二行内容为:
读取的第三行内容为: Beautiful is better than ugly.
```

从运行结果可以看到，每行内容后面都有一个空行，这是由于每行都会读取一个换行符"\n"，print()语句会将其解释为换行。第二行文件本身就是一个空行。

从文件中读取多行时，可以用循环遍历整个文件对象。这种操作能高效利用内存，速度快且代码简单，示例代码如下：

```
#Example7.6 对文件进行按行循环遍历
f = open('zen.txt', 'r')                    # open()方法返回文件对象f
for line in f:                              # 对f进行遍历
    print(line, end = '')
f.close()
```

3. 读取文件所有行

如需以列表形式读取文件中的所有行，可以用 list(f) 或 readlines()方法。

readlines()方法用于读取所有行（直到结束符 EOF）并返回列表，该列表可以由 Python 的 for… in … 结构进行处理，如果碰到结束符 EOF 则返回空字符串。

示例代码如下：

```
#Example7.7 rendlines()方法读取所有行
f = open('zen.txt', 'r')
content = f.readlines()                     # 读取所有行,返回一个由行元素组成的列表
for line in content:                        # 对行进行遍历
    print(line)
f.close()
```

7.2.3 文件的写入

向文件写入数据,需要使用文件对象的 write()方法完成,其格式如下:

视频讲解

```
f.write(string)
```

其中,string 是要写入文件的内容,为字符串类型,write()方法返回写入的字符数。

示例代码如下:

```
>>> f = open('test.txt', 'w')
>>> f.write('This is a test\n')
15
>>> f.close()
```

如果写入其他类型的数据,则要先转换为字符串(文本模式)或字节对象(二进制模式),然后才能写入,示例代码如下:

```
>>> f = open('test.txt', 'w')
>>> value = ('the answer', 42)
>>> s = str(value)              # 将元组转换为字符数串类型
>>> f.write(s)
18                              # 返回写入的字节数
>>> f.close()
>>>
```

> 💡 **注意事项:write()方法**
> (1) f.write()方法调用时,使用 open()打开文件要选择'w''a''+'等合适的访问模式;
> (2) 如果调用 f.write() 时未使用 with 关键字,或未调用 f.close(),则即使程序正常退出,也可能导致 f.write() 的参数没有完全写入磁盘。

7.2.4 with 关键字

文件操作过程中,如果出现文件不存在、模式不正确等情况,会导致很多意想不到的问题。Python 提供了 with 关键字,用于处理文件对象,其主要优点是文件操作完成后会自动关闭文件,即使触发异常也可以报错,这样就不需要调用 try-finally 异常处理,且代码也简短得多。

示例代码如下:

```
>>> with open('test.txt') as f:      # 打开文件 test.txt
... read_data = f.read()
...
>>>
```

上述代码执行之后,可以使用 f.closed 语句检查文件是否已经关闭,如下所示:

```
>>> f.closed                    # 检查文件关闭状态
True
```

7.2.5 文件定位

使用 open() 函数打开文件之后再使用 read() 函数读取文件内容时,总是会从文件的第一字节读起。文件指针用于标明文件读写的起始位置,在文件读写过程中,文件指针的位置也随之发生变化。

tell() 函数用于返回当前的指针位置,返回值为整数,表示二进制模式下文件指针距离文件起始位置的字节数,或者文本模式下文件指针距离文件起始位置的字符数,格式如下:

```
f.tell()
```

假设程序目录下有个文本文件 zen.txt 存储着使用 import this 语句导出的文本内容,下面是读取 zen.txt 的示例代码:

```
>>> f = open("zen.txt",'r')
>>> print(f.tell())
0                    # 打开文件,当前指针位置为 0
>>> print(f.read(17))
The Zen of Python
>>> print(f.tell())
17                   # 读取 17 字节之后,当前指针位置为 17
>>> print(f.read(15))
, by Tim Peters
>>> print(f.tell())
32                   # 读取 15 字节之后,当前指针位置为 32
>>>
```

从上述代码执行的情况可以看出,文件指针一直向后移动,移动的字节数与读取的字节数一致,tell() 函数可以返回当前文件指针的位置。

seek() 函数用于将文件指针移动到指定位置,会引起文件指针位置的变化,格式如下:

```
f.seek(offset, from)
```

其中,offset 表示偏移量,表示需要移动的字节数,可以为负数,负数表示向前偏移;from 表示方向,可以指定从哪个位置开始偏移,0 表示从文件开头(默认值)开始偏移,1 表示从当前位置开始偏移,2 表示从文件末尾开始偏移。

示例代码如下:

```
>>> f = open('workfile', 'ab+')
>>> f.write(b'0123456789abcdef')
```

```
16
>>> f.seek(5)                    # 转到文件的第 6 字节
5
>>> f.read(1)
b'5'
>>> f.seek(-3, 2)                # 转到文件倒数第 3 字节
13
>>> f.read(1)
b'd'
>>>
```

可以看出，seek()函数控制文件指针的移动方式比较灵活，既可以从当前位置移动，也可以从文件头或文件尾进行移动，当 offset 为负值时需要注意其移动方向。另外需要注意的是，当 seek()函数中的 offset 值非 0 时，Python 要求文件必须要以二进制格式打开，否则会抛出 io.UnsupportedOperation 错误。

7.3 文件的目录操作

视频讲解

Python 中的 os 模块提供了丰富的文件和目录操作方法，比如文件的删除、重命名、创建目录、改变目录等，在使用这些方法前需要先导入 os 模块，下面进行简单讲解。

os 模块中的 remove()方法可以完成文件的删除，格式如下：

```
os.remove(file, *, dir_fd = None)
```

其中，file 是某个目录下的文件，如果 file 是目录，则会引发异常；如果指定的文件不存在，则会引发 FileNotFoundError。示例代码如下：

```
>>> f = open('workfile', 'ab+')          # 打开文件
>>> f.write(b'0123456789abcdef')         # 写入文件
>>> f.close()                            # 关闭文件
>>> os.remove("workfile")                # 删除文件
>>>
```

注意，在删除文件之前，除了要保证文件存在外，还要保证文件处于关闭状态。

os 模块还提供了一些常用目录操作方法，比如目录的创建、重命名、删除、改变目录等，如表 7-2 所示。

表 7-2　常用目录操作方法

函　　数	说　　明
os.rename('oldname','newname')	重命名文件或目录
os.mkdir('dir')	在当前目录下创建目录，新创建的目录不能与已有目录重名，否则创建失败

续表

函 数	说 明
os.rmdir('dir')	删除当前路径下的目录
os.getcwd()	获取当前工作目录的绝对路径
os.chdir()	更改默认目录
os.listdir()	获取指定目录下所有文件的文件名列表

7.4 CSV 文件操作

视频讲解

CSV(Comma Separated Values)格式是电子表格和数据库中最常见的输入、输出文件格式。CSV 文件通常是以逗号分隔数值的文件类型,许多数据文件都是以 CSV 格式或 Excel 格式存储和共享数据。CSV 文件通常以纯文本的方式存储数据表。

图 7-2 是使用记事本打开的 CSV 文件,该数据是股票 600519 的一段历史成交数据,可以在一些股票或基金网站上下载。可以看到,CSV 文件中的数值之间以逗号分隔,一般一行就是一条数据,每行数据的末尾是 CR 回车符和 LF 换行符,结尾符在 Linux 系统或 macOS 系统中会有区别。

图 7-2 记事本打开的 CSV 文件

7.4.1 CSV 文件的读取

Python 中提供了 csv 模块,专门用于 CSV 文件的操作。csv 模块实现了 CSV 格式表单数据的读写功能,兼容 Excel,屏蔽了 Excel 与 CSV 格式差异的细节。csv 模块提供的 reader()和 writer()方法可用于读写序列化的数据,提供的 DictReader()和 DictWriter()方法可以以字典的形式读写数据。

csv.reader()返回一个 reader 对象,借助于该对象可以对 CSV 文件进行逐行遍历。该方法的格式如下:

csv.reader(csvfile,dialect = 'excel', ** fmtparams)

其中，csvfile 可以是 CSV 文件，也可以是列表对象。对于文件对象，打开文件时应使用 newline=''。可选参数 dialect 是用于 CSV 文件变种（dialect）的特定参数；可选关键字参数 fmtparams 可以覆盖当前变种格式中的单个格式设置。有关 dialect 和 fmtparams 参数可以参考 Python 在线文档。

下面是利用 reader()方法读取 CSV 文件最简单的一个例子，读取前面给出的股票数据文件 SH600519.csv，读取的结果按行显示，代码如下：

```
#Example7.8 reader()方法读取 csv 文件
import csv
with open('SH600519.csv', newline = '') as f:
    reader = csv.reader(f)
    for row in reader:
        print(row)
```

读取结果如下：

```
['date', 'open', 'close', 'high', 'low', 'volume', 'code']
['2010/4/26', '88.702', '87.381', '89.072', '87.362', '107036.13', '600519']
['2010/4/27', '87.355', '84.841', '87.355', '84.681', '58234.48', '600519']
['2010/4/28', '84.235', '84.318', '85.128', '83.597', '26287.43', '600519']
['2010/4/29', '84.592', '85.671', '86.315', '84.592', '34501.2', '600519']
```

下面的示例是利用 reader()方法将 CSV 文件的每一行都读取为一个由字符串组成的列表，并添加了两个参数 delimiter 和 quotechar，分别指定 CSV 文件中数据的分隔符和包围符，并将数据重新组合成需要的格式，示例程序如下：

```
#Example7.9 利用 render()方法将 CSV 文件按行读取为字符串列表
import csv
with open('SH600519.csv', newline = '') as csvfile:
    spamreader = csv.reader(csvfile, delimiter = ',', quotechar = '|')
    for row in spamreader:
        print(','.join(row))
```

其中，delimiter 是分隔符，quotechar 是引用符。delimiter 用于指明当前 CSV 文件数据的分隔符，默认为逗号，读取数据时会通过分隔符识别每一行的数据。quotechar 为包围符，也称引用符，当字段中有特殊符号时，通过添加包围符可以避免二义性。执行结果如下：

```
date,open,close,high,low,volume,code
2010/4/26,88.702,87.381,89.072,87.362,107036.13,600519
2010/4/27,87.355,84.841,87.355,84.681,58234.48,600519
2010/4/28,84.235,84.318,85.128,83.597,26287.43,600519
2010/4/29,84.592,85.671,86.315,84.592,34501.2,600519
```

7.4.2　CSV 文件的写入

CSV 文件的写入与读取类似，使用的是 csv 模块的 writer()方法，该方法返回一个

writer 对象,该对象负责将用户的数据在给定的文件类对象上转换为带分隔符的字符串,格式如下:

```
csv.writer(csvfile, dialect = 'excel', ** fmtparams)
```

其中,csvfile 可以是任何具有 writer()方法的对象。如果 csvfile 是一个文件对象,则打开它时应使用 newline=''。可选 dialect 参数与 reader()方法中类似,用来定义一组特定 CSV 文件变种专属的形参;可选 fmtparams 关键字参数用于覆盖当前变种中的单个格式化形参。

下面的示例使用 writer()方法将可迭代数据按行写入 CSV 文件 test.csv,示例程序如下:

```
# Example7.10 writer()方法将数据按行写入 csv 文件
import csv
list1 = [["date", "open", "close", "high", "low", "volume", "code"],
    ["2010/4/26", "88.702", "87.381", "89.072", "87.362", "107036.13", "600519"],
    ["2010/4/27", "87.355", "84.841", "87.355", "84.681", "58234.48", "600519"]]
with open('test.csv', 'w', newline = '') as csvfile:
    writer = csv.writer(csvfile, dialect = 'unix')
    writer.writerows(list1)
```

上述程序中,利用 writer 对象的 writerows()方法将 list1 中的数据写入 CSV 文件,然后使用 excel 打开该 CSV 文件,数据如图 7-3 所示。

图 7-3　写入的 CSV 数据

设计实践

1. 学生通讯录

利用 Python 编写一个简易的学生信息管理系统,数据存储在文件内,功能包含添加学生信息、删除学生信息、查看学生信息等。方便起见,功能采用菜单方式,根据选择的菜单号执行对应的功能,每个菜单所展示的功能都可以用函数实现。

学生信息保存在一个字典结构中,字典每一项存储一个学生的信息,包括学号、姓名、性别、班级和电话,如表 7-3 所示。从文件读入的信息可以结合字典进行学生信息的存储。图 7-4 和图 7-5 是菜单和学生信息样例,请结合所学内容完成该程序的设计。

表 7-3　学生信息表

学　号	姓　　名	性　别	班　　级	电　话
101	张三	男	计算 22	11610108888
102	李四	男	计算 22	11600009999

续表

学 号	姓 名	性 别	班 级	电 话
103	盼盼	女	计算22	11600006666
101	张三	男	计算22	11610108888

程序运行后的显示的菜单如图7-4所示。

```
------学生信息管理------
1.显示学生信息
2.添加学生信息
3.删除学生信息
4.保存学生信息
5.退出
请选择序号，执行相应操作：
```

图7-4　菜单

学生信息可以直接以字典信息的形式显示，如图7-5所示，也可以设计成图形界面显示形式。

```
学生信息显示：
('101', {'姓名': '张三', '性别': '男', '班级': '计算22', '电话': '13787007426'})
('102', {'姓名': '李四', '性别': '女', '班级': '计算22', '电话': '13497008416'})
请选择序号，执行相应操作：
```

图7-5　学生信息以字典信息形式显示

2. 文件加密和解密

视频讲解

异或操作可以实现对数据的简单加密和解密。对两个二进制数进行按位异或操作，值相同时异或结果为0，值不同时异或结果为1，假设 a = 0b1010_1010，b = 0b1111_0000，则 c = a^b = 0b0101_1010，如果 a 是原始数据，b 为密钥，c 就可以看成是加密的结果。如果再对 c 与 b 进行异或操作，即 c^b = 0b0101_1010 ^ 0b1111_0000 = 0b1010_1010，可以看出运算结果等于 a，因此该过程也可以看作加密数据 c 解密为原始数据 a 的过程。

简单起见，假定 key 为密钥，文件的加密和解密过程可以描述为以下两个操作：

（1）加密操作：首先将文件按二进制依次读取固定长度，将 key 转换为相同位长的二进制数，对二者进行异或操作，写入加密文件，得到加密后的二进制密文。

（2）解密操作：按二进制依次读取相同固定长度的密文文件，与同一个 key 进行异或操作，依次写入解密文件，能得到解密的二进制明文。

本章小结

本章主要介绍了文件的概念、文件的主要操作、文件的目录操作及 CSV 文件操作。其中文件的主要操作包括文件的打开和关闭、文件的读取和写入、with 关键字及定位等，需重点掌握；文件的目录操作介绍了 os 模块提供的一些常用操作方法；CSV 文件操作包括文件的读取写入。通过本章的学习,可以对文件有一个基本的认识,掌握相关操作,并熟练使用相关方法实现文件和目录的管理。

本章习题

一、填空题

1. 用 open() 函数打开一个文本文件,如果该文件已存在则将其覆盖;如果该文件不存在,创建新文件,则文件打开模式是_____。

2. 使用 open("f1.txt","a") 语句打开文件时,若 f1 文件不存在,则_____文件。

3. 打开文件对文件进行读写后,应调用_____方法关闭文件以释放资源。

4. readline() 方法从文件中读取单行数据,只要返回_____,就表示已经到达了文件末尾。

5. readlines() 方法用于读取所有行(直到结束符 EOF),并返回_____。

6. os 模块中的_____方法用来创建文件夹。

7. 在 Python 的文件操作中,可以使用_____方法返回文件的当前位置,即文件的当前指针位置。

8. 在 Python 的文件操作中,_____用于将文件指针移动到指定位置,会引起文件指针位置的变化。

9. 文件操作中,使用_____关键字可以在文件操作完成后自动关闭文件,不需要调用 try-finally 异常处理。

10. csv.reader() 返回一个_____,借助于该对象可以对 CSV 文件进行逐行遍历。

11. csv.writer() 方法返回一个 writer 对象,该对象负责将用户的数据在给定的文件类对象上转换为带_____的字符串。

二、选择题

1. 打开一个已有文件,然后在文件的末尾添加信息,正确的打开方式是(　　)。
　　A. 'r'　　　　　　B. 'w'　　　　　　C. 'a'　　　　　　D. 'w+'

2. 假设文件不存在,如果使用 open() 函数打开文件时会报错,则该文件的打开方式用的是(　　)。
　　A. 'r'　　　　　　B. 'w'　　　　　　C. 'a'　　　　　　D. 'w+'

3. 下面的文件打开方式中,不能对打开的文件进行写操作的是(　　)。
　　A. w+　　　　　　B. a　　　　　　　C. w　　　　　　　D. r

4. 下列哪种文件打开访问模式为二进制文件只读模式?(　　)
　　A. rb　　　　　　B. a+　　　　　　C. a　　　　　　　D. w

5. 假设 file 是文本文件对象,下列哪个选项可读取 file 的一行内容?(　　)
　　A. file.read()　　　　　　　　　　B. file.read(200)
　　C. file.readline()　　　　　　　　D. file.readlines()

6. 下列选项中,用于向文件中写入数据的是(　　)。

　　A. open()　　　　B. write()　　　　C. close()　　　　D. read()

7. 下列选项中,用于获取当前目录的是(　　)。

　　A. open()　　　　B. write()　　　　C. getcwd()　　　D. read()

8. 下列代码要打开的文件应该在(　　)。

```
f = open('itheima.txt', 'w')
```

　　A. C 盘根目录　　　　　　　　　　B. D 盘根目录
　　C. Python 安装目录　　　　　　　　D. 程序所在目录

9. 如果要对 E 盘 myfile 目录下的文本文件 abc.txt 进行读操作,文件打开方式应为(　　)。

　　A. open("e:\\myfile\\abc.txt","r")
　　B. open("e:\\myfile\\abc.txt","r+")
　　C. open("e:\\myfile\\abc.txt","x")
　　D. open("e:\\myfile\\abc.txt","rb")

10. 下列不是 Python 文件对象的方法是(　　)。

　　A. next()　　　　B. write()　　　　C. writelines()　　D. seek()

三、简答题

1. 在文件操作中,简述文件访问模式中的'r''w''x''a''b''＋'的含义。

2. 请简述 tell()和 seek()方法的区别。

3. 请简述在 Python 读取文件时,read()、readline()和 readlines()三种方法之间的区别。

四、编程题

1. 编写程序,用键盘输入一个字符串,将小写字母全部转换成大写字母,然后输出到当前目录下的 test.txt 文件中保存。

2. 已知在磁盘上有两个文件,分别为 test1.txt 和 test2.txt,每个文件只有一行字符,现要求读入两个文件的内容,读入之后将内容合并,并将合并的内容按照字母顺序升序排列,重新写入 test3.txt 文件。请简述设计思路,完成程序编写。

3. 已知工程目录中存在一个文件 A.txt,该文件中有若干行内容,每行有若干个整数,每个整数由逗号(英文逗号)隔开。试将每行数据按照由大到小的顺序排列,并将排序之后的内容写入文件 B.txt。

例如,A.txt 文件中的第一行数据为:

　　　　　　　　　　23,18,95,87,65

得到的 B.txt 文件中第一行为:

　　　　　　　　　　95,87,65,23,18

请分析程序实现方法,编写程序实现该功能。

4. 已知文本文件(test.txt)存储的路径为 c:\test.txt,该文件是一个纯英文文本文件,请编写程序将该文件中的所有大写字母转换成小写字母,把小写字母转换成大写字母,并将转换后的结果存入同目录下的 result.txt 文件。

5. 编写程序,打开一个文件 A.txt,该文件中每行包括若干数值。生成文件 B.txt,B.txt 中每行是 A.txt 中对应行的数值的平均值。

例如,A 文件中的数值为:

$$1,2,3,4,5$$
$$4,4,5,6,6$$

B 文件的值为:

$$3$$
$$5$$

6. 已知在 D 盘根目录下存储一个文本文件 a.txt,文件内以 # 开头的行为注释内容,请按行读取文件,显示除了以 # 开始的行以外的所有行。

7. 已知在 D 盘根目录下存储一个文本文件 a.txt,请编写程序统计该文件中大写字母、小写字母、数字和其他字符出现的次数,并将统计结果存储在 b.txt 文件中。

第8章 异常处理

CHAPTER 8

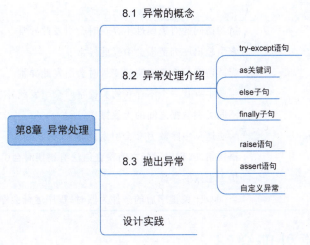

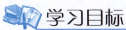

(1) 理解异常的概念；
(2) 理解异常处理机制，了解常用异常类；
(3) 掌握 try-except 异常处理语句、as 关键词、else 子句、finally 子句的使用；
(4) 掌握异常抛出方法，掌握 raise 语句、assert 语句及自定义异常的方法。

8.1 异常的概念

编写程序时经常会遇到各种各样的问题。有些是语法上的错误，程序在语法检查时就会发现，即使语句或表达式使用了正确的语法，执行时仍可能触发错误。执行时检测到的错误称为异常，如列表索引越界、打开不存在的文件等。当发生异常时，程序会停止执行，并显示异常信息。当程序中遇到这些问题时，如果没有进行任何处理，程序就会终止。

先看以下代码：

```
>>> list1 = list(range(10))
>>> a = list1[10]
Traceback (most recent call last):
    File "<stdin>", line 1, in <module>
IndexError: list index out of range
>>>
```

上述代码使用 range()函数创建了列表 list1,在运行 a=list1[10]语句时,程序提示出现了 IndexError,提示超出了列表的索引边界。这两条语句在语法上没有错误,出现的这个 IndexError 便属于异常。这种异常情况还有很多,常见的几种异常情况如表 8-1 所示。

表 8-1 Python 常见异常类型

异 常 类 型	含　　义
AttributeError	试图访问的对象属性不存在时会引发此异常
IndexError	索引超出序列范围会引发此异常
NameError	尝试访问一个未声明的变量时会引发此异常
KeyError	字典中查找一个不存在的关键字时会引发此异常
TypeError	不同类型数据之间的无效操作
ZeroDivisionError	除法运算中除数为 0 会引发此异常
SyntaxError	语法错误,程序运行之前检查语法有错误时会引发此异常
ValueError	传入无效的参数
AssertionError	当 assert 关键字后的条件为假时,程序运行会停止并抛出此异常

视频讲解

8.2 异常处理介绍

当发生异常时,解释器给出错误信息的最后一行说明程序遇到了什么类型的错误。表 8-1 中的 IndexError 便是一种异常类型,是内置异常的名称,也是 Python 内置的异常类型的标识符。在异常发生之后给出的错误信息中,还会展示发生异常的语境,并列出源代码行的堆栈回溯,结合出错原因,说明错误细节。

在 Python 中,所有异常类都是 Exception 类的子类。编程人员可以从 Python 提供的异常处理机制中捕获异常,并对其进行处理。

8.2.1 try-except 语句

Python 中使用 try-except 语句处理异常,其中 try 语句用于检测异常,except 语句用于捕获异常。简单的异常处理语法如下：

```
try:
    <语句块 1>                      # 运行的代码
except [异常 1]:                    # 异常 1,是要处理的异常类型名称
    <语句块 2>                      # 异常 1 发生时执行的代码块
```

try 中的语句块 1 是程序要执行的代码,当某条语句出现错误时,程序就不再继续执行 try 中的语句,而是直接执行 except 里面处理异常的语句。

【例 8-1】 异常处理的简单示例。

示例代码如下:

```
# Example8.1 try-except 简单示例
list1 = [1,"2", "a", "7", "x"]
list1_sum = 0
for i in list1:
    try:
        list1_sum += int(i)
    except ValueError:
        print("{}不能转换成数字".format(i))
print(list1_sum)
```

该示例要实现求 list1 中元素之和,但存在非数字元素,在 for 遍历结构中对非数字元素进行异常处理。ValueError 表示传入的参数无效,是求和时数字转换错误产生的异常类,当出现该异常时进行捕获,并显示该元素。示例代码的执行结果如下:

```
a 不能转换成数字
x 不能转换成数字
10
```

从执行结果可以看出,所有不能转换的数据都产生了异常,能够转换的则没有发生异常,计算出了正确的结果。ValueError 也可以不写,表示 except 可捕获所有类型的异常。

【例 8-2】 利用 try-except 语句实现输入数据的判断,要求输入的数据类型为整数类型,如为其他类型则要重新输入。

参考代码如下:

```
# Example8.2 利用 try-except 语句判断输入数据类型
flag = 1
while flag:
    try:
        temp = input("请输入一个整数:")
        num = int(temp)
        flag = 0
        print("输入为:{},输入正确".format(temp))
    except:
        print("输入为{}:不是整数,请重新输入!".format(temp))
        flag = 1
```

运行结果如下:

```
请输入一个整数:1d
输入为 1d:不是整数,请重新输入!
请输入一个整数:12
输入为:12,输入正确
```

从运行结果可以看出,产生异常时,不会再出现终止程序的情况,而是通过设定的消息提醒用户。只要监控到错误,程序就会执行 except 中的语句,且不再执行 try 里面未执行的语句。

如果程序中出现多个异常需要处理,就可以使用多个 except 语句,其语法格式如下:

```
try:
    <语句块 1>              #运行的代码
except [异常 1]:            #异常 1,是要处理的异常类型名称
    <语句块 2>              #异常 1 发生时执行的代码块
except [异常 2]:            #异常 2,是要处理的异常类型名称
    <语句块 3>              #异常 2 发生时执行的代码块
...
```

一个 try 语句可能包含多个 except 子句,分别处理不同的异常,但最多只有一个分支会被执行。

【例 8-3】 输入多个成绩,统计所有成绩之和、平均值及成绩的条数,对程序中出现的输入错误、除数为 0、索引越界等异常利用 try-except 语句进行处理。

示例代码如下:

```python
#Example8.3 利用 try-except 进行多个异常类的处理
score = []                              #使用列表 score 存储成绩
count = 0
while True:
    x = input('请输入成绩:')
    try:                                #异常处理结构
        score.append(float(x))
        score_sum = sum(score)          #成绩之和
        score_ave = score_sum / len(score)   #平均成绩
        if (len(score) == 2):
            print(score)
        print("成绩之和:{},平均成绩:{}".format(score_sum,score_ave))
        print(score[len(score) + 1])    #显示最后输入的成绩
        break
    except ValueError:
        print('ValueError,只能输入数字')
    except ZeroDivisionError:
        print('ZeroDivisionError,除数不能为 0,可能是没有录入成绩!')
    except IndexError:
        print('IndexError,超出了列表的边界')
```

```
        break
    except:
        print("遇到了其他错误")
```

示例代码中,x 为输入的字符串,在进行 float()转换时可能出现类型错误,执行时如果除数为 0,则会引发 ZeroDivisionError 异常,score[len(score)+1]语句超出 score 列表的边界,所有的异常都由对应的"except:异常类"选项处理,没有列出的异常由最后的 except 选项进行处理。

执行结果如下:

```
请输入成绩:100
请输入成绩:qwe
ValueError,只能输入数字
请输入成绩:20
[100.0, 20.0]
成绩之和:120.0,平均成绩:60.0
IndexError,超出了列表的边界
```

如果一个 except 子句想要捕获多个异常,并使用同一种处理方式,这些异常类可以使用元组表示,格式如下:

```
except (异常1, 异常2, …):
    <语句块>              #元组中任意异常发生时执行的代码块
    …
```

需要注意的是,所有 except 子句都必须有可执行的语句块。当到达语句块的末尾时,通常会转向整个 try 语句之后继续执行。

8.2.2 as 关键词

在程序开发过程中,有时程序可能存在的错误是未知的,想要预判到所有可能出现的异常存在较大的难度。如果希望程序无论出现任何错误,都不会因为 Python 解析器抛出异常而被终止,可以使用 as 关键词。

try-except 异常处理结构中,当找到一个匹配的 except 子句时,可以将异常赋值给该 except 子句中 as 关键字指定的目标,并执行 except 子句对应的代码段。

【例 8-4】 获取异常的类型及异常信息。

示例代码如下:

```
#Example8.4 异常结构中 as 关键字的使用
list1 = [1, 2]
try:
    list1[2]
except Exception as e:
```

```
            print('错误类型是', e.__class__.__name__)        # 获取错误类型
            print("异常信息:%s" % e)                          # 获取异常信息
```

示例代码中,list1 有两个元素,list[2]超出了边界,所以会引发 IndexError 异常。在 except 语句中捕获异常信息。示例代码执行结果如下:

```
错误类型是: IndexError
异常信息:list index out of range
```

可以看出,使用 Exception 同样可以捕获所有异常,并能够获取异常的错误类型及异常的描述信息。

8.2.3　else 子句

在异常处理结构中,还可以使用 else 子句。else 子句放在所有 except 子句的后面,只有 try 语句没有捕获到异常的情况下才会被执行。

else 子句的示例程序如下:

```
#Example8.5 异常结构中as关键字的使用
divisor = input('请输入除数:')
try:
    result = 100 / int(divisor)
    print('100 除以{}的结果是:{}'.format(divisor,result))
except ValueError:
    print('ValueError,请输入数值!')              #数值错误
except ArithmeticError:
    print('ArithmeticError,您不能输入 0!')        #算术错误
else:
    print('没有出现异常')
```

上面的程序中 else 子句放在所有 except 子句的后面,当程序中的 try 语句没有出现异常时,程序就会执行 else 子句。如果存在上面 except 子句的异常情况,else 子句就不会被执行。运行上面的程序,如果用户输入导致程序中的 try 语句出现了异常,则输出对应的提示信息;正确输入则运行结果如下:

```
请输入除数:8
100 除以 8 的结果是: 12.5
没有出现异常
```

8.2.4　finally 子句

在程序中,有时无论是否捕捉到异常,都必须执行某件事情,例如关闭文件、释放资源等,这时可以用 finally 子句。如果存在 finally 子句,则 finally 子句是 try 语句结束前执行的最后一项任务。不论 try 语句是否触发异常,都会执行 finally 子句。finally 子句通常用

于释放资源。

下面给出的示例包含 except 子句、as 关键字、else 子句及 finally 子句,是一个结构较为完整的 try-except 异常处理结构。

```
#Example8.6 try-except 异常处理结构
try:
    num = int(input("请输入一除数:"))
    print(100/num)
except ValueError:
    print("except 子句:请输入正确的整数")
except Exception as e:
    print("except...as 子句:其他未知异常:{}".format(e))
else:
    print("else 子句:没有捕捉到异常")
finally:
    print("finally 子句,最后执行")
```

下面给出上述程序执行后,不出现异常和出现异常两种情况下的运行结果。

未出现异常时的运行结果如下:

```
请输入一除数:2
50.0
else 子句:没有捕捉到异常
finally 子句,最后执行
```

出现异常时的运行结果如下:

```
请输入一除数:abc
except 子句:请输入正确的整数
finally 子句,最后执行
```

可以看出,无论是否发生异常,finally 子句都会被执行,而 else 子句下的代码只当程序没有发生异常时才会被执行。

8.3 抛出异常

视频讲解

前面所讲的 try-except 异常处理结构可以捕获程序运行过程中产生的错误,由 Python 解释器自动检查执行。但在日常程序开发过程中,在程序还没有完善之前不知道程序哪里会出错,有时可以主动抛出异常。

8.3.1 raise 语句

raise 语句支持强制触发指定的异常。例如:

```
>>> raise NameError('HiName')
Traceback (most recent call last):
    File "<stdin>", line 1, in <module>
NameError: HiName
>>>
```

raise 唯一的参数就是要触发的异常。这个参数必须是异常实例或派生自 Exception 类的异常类。如果传递的是异常类，则将通过调用没有参数的构造函数隐式地进行实例化。比如，要触发一条 ValueError 异常可以使用如下语句：

```
raise ValueError                    # raise ValueError()的简化
```

将 raise 语句用在 try-except 结构中，就会和程序产生异常一样处理，比如：

```
# Example8.7 raise 语句带参数
try:
    raise NameError('HiName')
except NameError:
    print('出现 NameError 异常')
```

程序执行结果如下：

```
出现 NameError 异常
```

不带参数的 raise 语句可以显示刚刚产生的异常，或者判断前面的语句是否触发了异常，但并不处理该异常，比如：

```
# Example8.8 raise 语句不带参数
try:
    raise NameError('HiName')
except NameError:
    print('出现 NameError 异常')
    raise
```

执行以上代码后，except 子句中的 raise 语句重新触发刚刚产生的异常，所以会显示异常的详细信息，结果如下：

```
出现 NameError 异常
Traceback (most recent call last):
    File "D:\project\Python\pycharm\pythonProject\linshi.py", line 3, in <module>
        raise NameError('HiName')
NameError: HiName
```

8.3.2 assert 语句

assert 语句也称作断言语句，当程序中定义的约束条件得不到满足时会触发

AssertionError 异常,如果满足就不会触发。断言语句可以在条件不满足程序运行的情况下直接返回错误,而不必等待程序运行后出现崩溃的情况。

assert 语句的格式如下:

```
assert expression
```

assert 语句用于判断一个表达式,在表达式条件为 False 时触发异常。比如:

```
>>> assert True                # 表达式为 True,不引发异常
>>> assert False               # 表达式为 False,引发异常
Traceback (most recent call last):
    File "<stdin>", line 1, in <module>
AssertionError
>>> assert 1 > 2               # 表达式为 False,引发异常
Traceback (most recent call last):
    File "<stdin>", line 1, in <module>
AssertionError
>>>
```

【例8-5】 利用 assert 编写语句,当输入密码少于 6 位时触发 AssertionError 异常,提示密码不能少于 6 位。

参考代码如下:

```
# Example8.9 assert 语句用法示例
password = input("请输入密码:")
assert len(password) >= 6,"密码不能少于6位"
```

运行结果如下。可以看到,当输入密码的位数少于 6 时就会触发 AssertionError 异常。

```
请输入密码:123
Traceback (most recent call last):
    File "D:\project\Python\pycharm\pythonProject\linshi.py", line 2, in <module>
        assert len(password) >= 6,"密码不能少于6位"
AssertionError: 密码不能少于6位
```

8.3.3 自定义异常

虽然 Python 提供了许多内置的异常类,但在实际开发过程中仍可能出现难以预料的问题。有时要精确知道问题的根源,就需要用户自定义异常精确定位问题。自定义异常应该继承自 Exception 类,可以直接或间接继承。

捕获一个错误就是捕获该类的一个实例,如果要抛出错误,那么可以根据需要定义一个错误的类,选择好继承关系,用 raise 语句抛出一个错误实例。学习第 9 章"类与对象"后将更容易理解本节的内容。

8.3.2 节中的例 8-5 可以通过自定义异常实现,当输入的密码长度小于 6 时,通过 raise 抛出对应的异常,except 捕获异常后可以正确执行自定义的异常。

代码如下：

```
#Example8.10 自定义异常
class ShortpwdError(Exception):
#自定义异常类
    def __init__(self):
        self.message = '密码少于6位'
def register():
    password = input("请输入密码:")
    if len(password)< 6:
        raise ShortpwdError()                    #raise 引发一个刚刚定义的异常
try:
    register()
except ShortpwdError as result:
    print(result.message)
else:
    print("输入的密码符合要求")
```

示例第1～4行定义了继承自 Exception 类的 ShortpwdError，它会作为一个自定义的异常类使用。

第5～8行定义了一个 register()函数，在接收用户输入密码时设置了异常处理。其中在第7～8行代码中，如果用户输入的密码长度小于6，则使用 raise 语句抛出 ShortpwdError 异常。

第9～14行调用 register()函数，捕获异常。若捕获到 ShortpwdError 异常，说明用户输入的密码长度不够，会执行第12行输出异常信息。如果用户输入密码不少于6位，则程序正常运行，会执行第14行 else 子句的输出语句。

运行程序，在控制台输入密码 12345，由于密码位数不够6位，因此会出现"密码少于6位"的提示，程序执行结果如图 8-1 所示。

```
==================== RESTART:D:/vueproject/pythonTest/test.py ====================
请输入密码：12345
密码少于6位
```

图 8-1 输入密码位数不足时的运行结果

运行程序，在控制台输入 123456，程序执行结果如图 8-2 所示。

```
==================== RESTART:D:/vueproject/pythonTest/test.py ====================
请输入密码：123456
输入的密码符合要求
```

图 8-2 输入密码位数正确时的运行结果

设计实践

视频讲解

1. 健康监测

身高与体重是估算肥胖的重要依据。BMI 称作体重指数，是根据身高和体重估算是否肥胖的指标。BMI的计算方法是体重的千克数除以身高米数的平方。例如,小张的身高为1.8m,体重为75kg,则BMI=$\frac{75}{1.8^2}$≈23.2。中国成人居民BMI衡量标准为18.4,小于或等于18.4为消瘦,18.5~23.9为正常,24~27.9为超重,大于或等于28为肥胖。编写代码实现BMI指数的计算,通过异常操作捕获身高与体重输入过程及BMI计算过程中的异常情况。

2. 三角形判断

给定三角形的三条边,依据数学定理可以判断三条边是否可以组成三角形,也可以判断出三角形的类型。编写代码,根据三条边的输入数值,判断三条边是否可以组成直角三角形、锐角三角形或钝角三角形,并通过异常捕获数据输入问题或组成三角形可能存在的异常情况。

本章小结

本章主要介绍了异常处理相关知识,包括异常的概念、异常处理、抛出异常。其中异常处理部分主要介绍了try-except语句、as关键词、else子句和finally子句;抛出异常部分主要介绍了raise语句、assert语句和自定义异常。

通过本章的学习,读者应了解异常产生的原因及常见的异常类型,重点掌握如何处理和使用异常,有效避免程序因产生错误被迫中断执行。

本章习题

一、填空题

1. Python中所有异常都是_____的子类。

2. Python中使用try-except语句处理异常,其中try语句用于检测异常,except语句用于_____。

3. 在异常处理中,有时无论是否捕捉到异常,都要执行一些终止行为,这时可以使用_____语句进行处理。

4. try-except异常处理结构中,当找到一个匹配的except子句时,可以将异常赋值给该except子句在_____指定的目标。

5. 若不满足assert语句中的表达式,则会引发_____异常。

6. 用try-except处理异常,except语句后面通常会写上_____;当except语句后面什么都不写时,表示可以处理其他所有异常。

7. 如果一个except子句想要捕获多个异常,并使用同一种处理方式,这些异常类可以使用_____表示。

二、选择题

1. 当解释器发现语法错误的时候,会引发如下哪个异常?(　　)
   A. ZeroDivisionError　B. SyntaxError　　C. IndexError　　D. KeyError
2. 当没有捕获到错误信息时,会执行下列哪个语句?(　　)
   A. try　　　　　B. except　　　　C. else　　　　D. finally
3. 在 Python 3 中,能使用下列哪个语句处理多个异常?(　　)
   A. except NameError,FileNotFoundError
   B. except（NameError,FileNotFoundError）
   C. except [NameError,FileNotFoundError]
   D. except {NameError,FileNotFoundError}
4. 下列选项中,(　　)是唯一不在运行时发生的异常。
   A. ZeroDivisionError　　　　　　B. SyntaxError
   C. NameError　　　　　　　　　D. KeyError
5. 在异常处理中,如果 try 语句中没有任何错误信息,则一定不会执行(　　)语句。
   A. try　　　　　B. except　　　　C. else　　　　D. finally
6. 下列哪个异常类型用来处理表达式中有除数为 0 的情形(　　)。
   A. NameError　　　　　　　　　B. ZeroDivisionErroor
   C. IndexError　　　　　　　　　D. SyntaxError
7. 下列程序运行以后,会产生如下(　　)异常。

   ```
   a
   ```

   A. SyntaxError　　B. NameError　　C. IndexError　　D. KeyError
8. "try-except"语句中使用"except:"表示(　　)。
   A. 等价于"except None:"
   B. 捕获未被前面 except 子句捕获的异常
   C. 错误的写法
   D. 捕获所有异常
9. 下列选项中,用于触发异常的是(　　)。
   A. try　　　　　B. catch　　　　C. raise　　　　D. except
10. 在完整的异常语句中,语句出现顺序正确的是(　　)。
    A. try→except→else→finally　　　　B. try→else→except→finally
    C. try→except→finally→else　　　　D. try→else→else→except

三、简答题

1. 什么是异常?简述捕获简单异常的机制。
2. 简述异常处理中 raise 语句的作用。
3. 简述什么是 assert 断言。

四、编程题

1. 编写程序,输入两个数值 a,b 进行除法运算,并输出最终结果。要求如下:
(1) 当除数 b 为 0 时,程序可显示错误类型,并提示"除数不能为 0"。
(2) 当输入非法字符时,提示"请输入数字"。
(3) 当输入正确时,可显示正确的计算结果。
(4) 无论哪种情况,程序执行后都应提示用户"程序运行结束!"。

2. 编写程序,输入三个数,判断是否可以构成等腰三角形,若能构成则计算该三角形的周长,否则引发异常。

第 9 章 类 与 对 象
CHAPTER 9

 章节导图

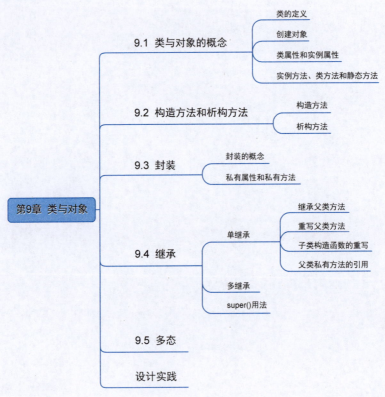

 学习目标

(1) 理解面向对象编程思想,了解面向对象的基本概念;
(2) 明确类和对象的关系,掌握类的设计方法;
(3) 掌握类的类属性和实例属性的概念及用法;
(4) 掌握实例方法、类方法和静态方法的概念及用法;

(5) 掌握构造方法和析构方法的使用；

(6) 掌握封装、继承和多态。

面向对象程序设计(Object Oriented Programming, OOP)是一种程序设计思想，使用对象映射现实中的事物，使用对象间的关系描述事物之间的联系，通过类和对象的使用实现程序的开发。Python 支持面向对象的程序设计，其源码也是基于面向对象方法进行设计，学好面向对象程序设计十分重要。本章主要讲解面向对象程序设计的基本概念与方法的使用。

9.1 类和对象的概念

Python 中一切皆为对象，对象(object)既表示客观世界中的某个具体事物，也表示软件系统中的基本元素。

面向对象的编程方法模拟了人对事物认识的方式，人们通常依据分类认识事物，比如动物、植物，每个类具有颜色、重量、形状等属性，每个类的个体都具有该类事物的共有属性，还具有一些共有的动作。在面向对象的程序设计中，类(class)就是现实中具有相同特征的一类事物的抽象，这一类事物组成一个集合，类定义了该集合中每个对象所共有的属性和方法。对象就是类的个体或者实例，代表着客观世界中的某个具体事物，也是软件系统中的基本元素。类中定义了该类事物所具有的属性和方法，属性是类中的数据成员，而方法是类中定义的一些函数。假设 x 是基于类创建的一个对象，其中定义有函数 name(arguments…)，则该函数便是属于对象 x 的一个方法，可以通过 x.name(arguments…)的形式进行调用。

9.1.1 类的定义

类是使用 class 关键字创建的某种对象的类型，格式如下：

```
class 类名[(父类)]:
    类体
```

其中，class 是声明类的关键字，类名是给类起的名称，应遵循 Python 的命名规范，一般采用大驼峰命名法，首字母要大写。父类声明当前类所继承的父类，可以省略，省略表示直接继承自 object 类。类体包含类的属性和类的方法。

与函数定义一样，类定义必须先执行才能生效。类体一般由变量和函数构成，形成类的属性和方法。当进行类定义时，实际上创建了一个新的命名空间，并将其用作局部作用域。

例如，定义一个 Student 类的代码如下：

```
# Example9.1 类的定义
class Student:                  # 定义一个学生类
    role = '学生'                # 定义一个属性
    def study(self):            # 定义一个方法
        print("学生爱学习...")
```

本例中,定义了一个 Student 类,其中包含了 role 属性和 study()方法。

9.1.2 创建对象

定义好了类就可以创建类的对象,对象是根据类创建出的具体的个体。Python 中所有事物都是以对象的形式存在,从简单的数据、数值类型,到复杂的代码模块,都是对象。

创建对象的语法格式如下:

```
对象名 = 类名()
```

创建类对象很简单,在类的名称后面加上括号就可以,表示调用类的构造方法,示例代码如下:

```
student = Student()
```

Student 是前面定义的学生类,Student()表示创建一个学生对象,并把创建的对象赋值给 student 变量,student 变量就是指向学生对象的一个引用。

以下代码中,s1 变量是 Student()的一个实例,通过 s1 可以访问 Student 类的属性和方法,如下所示:

```python
#Example9.2 类的对象实例
class Student:                  # 定义一个学生类
    role = '学生'               # 定义一个属性
    def study(self):            # 定义一个方法
        print("学生爱学习...")
s1 = Student()                  # s1 是 Student()的一个实例
print(s1.role)                  # 访问 s1 对象的 role 属性
s1.study()                      # 调用 s1 对象的 study()方法
```

执行结果如下:

```
学生
学生爱学习...
```

对象创建后,可以动态添加实例属性,方法如下:

```
对象名.新的属性名 = 值
```

比如,s1 对象创建好后,s1 就是 Student 类的一个对象,可以理解为一个学生个体,没有定义姓名、学号等信息,可以通过添加新属性的方法进行添加,示例代码如下:

```python
#Example9.3 添加类的属性
class Student:                  # 定义一个学生类
    role = '学生'               # 定义一个属性
    def study(self):            # 定义一个方法
        print("学生爱学习...")
s1 = Student()
s2 = Student()
```

```
s1.name = "张三"              # 添加一个 name 属性
s2.name = "李四"
print("s1 实例的 name 属性:", s1.name)
print("s2 实例的 name 属性:", s2.name)
```

执行结果如下：

```
s1 实例的 name 属性: 张三
s2 实例的 name 属性: 李四
```

上述示例程序定义了两个实例对象，代表两个不同的对象，Python 解释器会为两个对象分别开辟存储区域。name 是新添加的属性，可以看到两个对象的 name 属性相互独立，可以分别赋值，互不影响。

经过以上内容和示例讲解，可以把类与对象的关系总结如下：

(1) 类用于描述多个对象的共同特征，是对象的模板。对象用于描述现实中的个体，对象是类的实例。

(2) 要定义一个对象，先要定义一个类，用于定义该类对象所包含的属性和方法。

(3) 一个类可以创建无数个对象。

(4) 对象代表类的个体，对象与对象之间的属性不一定相同。

9.1.3 类属性和实例属性

视频讲解

类的属性按照声明的方式分为类属性和实例属性。

1. 类属性

类属性是类所拥有的属性，定义在类的内部、方法的外部，被所有类的实例对象所共有，在内存中只存在一个副本。类属性可以通过类或类的实例访问。

类属性定义与访问的示例程序如下：

```
# Example9.4 类属性的定义与访问
class Student:                    # 定义一个学生类
    role = '学生'                 # 定义一个类属性
    def study(self):              # 定义一个方法
        print("学生爱学习...")
print(Student.role)
s1 = Student()
print(s1.role)
Student.role = "小学生"           #修改类属性
print(Student.role)
print(s1.role)
```

上述程序中，role 是在类中定义的类属性，可以通过"类名.类属性名"的形式访问，也可以通过"实例名.属性"的形式访问。类属性值修改之后再访问就是访问修改后的值，由"学生"修改为"小学生"，程序执行结果如下：

```
学生
学生
小学生
小学生
```

2. 实例属性

实例属性是在类方法内部声明的属性。Python 支持动态添加实例属性，实例属性只能通过对象实例进行访问，例如，以下 Student 中定义了一个 study()方法，其中使用 self 关键字定义了 courses 实例属性，如下所示：

```python
#Example9.5 实例属性的定义与访问
class Student:                      # 定义一个学生类
    role = '学生'                    # 定义一个属性
    def study(self):                # 定义一个方法
        self.courses = ["语文","数学","英语"]
        print("学生爱学习...")
s1 = Student()
s1.study()
print(s1.courses)
```

执行结果如下：

```
学生爱学习...
['语文', '数学', '英语']
```

通过以上示例可以看出，通过对象 s1 成功访问了实例属性 courses，但是如果通过类直接访问（即通过 Student.courses 语句访问）会出错。

9.1.4　实例方法、类方法和静态方法

视频讲解

1. 实例方法

实例方法，也称作普通方法，是在类中定义的函数，第一个参数是 self。实例方法通过"实例对象.方法名"的形式调用，不需要手动给 self 传递参数，会自动将实例对象传递给 self。

9.1.3 节所举示例中的 study()方法就属于实例方法。实例方法只能通过对象调用。示例程序如下：

```python
#Example9.6 实例方法
class Student:                      # 定义一个学生类
    def study(self):                # 定义一个实例方法
        print("学生爱学习...")
        print("这是一个实例方法")
s1 = Student()
s1.study()                          #通过对象调用实例方法
Student.study()                     #通过类调用实例方法
```

执行结果如下：

```
学生爱学习...
这是一个实例方法
Traceback (most recent call last):
    File "C:/Users/yalin/AppData/Local/Programs/Python/Python37/oop.py", line 7, in <module>
        Student.study()                            #通过类调用实例方法
TypeError: study() missing 1 required positional argument: 'self'
```

通过结果可以看出，程序通过对象可以调用实例方法，通过类则无法调用。

2. 类方法

类方法与类属性都是属于类，不是属于具体的实例。类方法不需要与实例绑定，第一个参数不是 self 参数，而是 cls 参数。类方法需要使用修饰器@classmethod 标识，其格式如下：

```
class 类名:
    @classmethod
    def 类方法名(cls):
        方法体
```

类方法可以通过对象名调用，也可以通过类名调用。

例如，定义一个 Student 学生类，包含一个类方法 examination()，代码如下：

```
#Example9.7 类方法
class Student:# 定义一个学生类
    @classmethod
    def examination(cls):                  # 定义一个类方法
        print("学生正在考试...")
        print("这是一个类方法")
s1 = Student()
s1.examination()                           #通过对象调用实例方法
Student.examination()                      #通过类调用实例方法
```

执行结果如下：

```
学生正在考试...
这是一个类方法
学生正在考试...
这是一个类方法
```

从结果可以看出，通过对象和类都可以调用类方法。

3. 静态方法

静态方法没有与类绑定，也不与实例绑定，只是将所在的类作为其命名空间。静态方法使用修饰器@staticmethod 标识，格式如下：

```
class 类名:
    @staticmethod
    def 静态方法名():
        方法体
```

静态方法其实就是函数,和函数唯一的区别是,静态方法定义在类这个空间(类命名空间)中,而函数则定义在程序所在的空间(全局命名空间)中。静态方法没有类似 self、cls 这样的特殊参数,因此 Python 解释器不会对其包含的参数做任何类或对象的绑定,类的静态方法中无法调用任何类属性和类方法。静态方法可以直接使用类名调用,也可以使用类的类对象进行调用。

下面是这几种方法的示例:

```
# Example9.8 静态方法
class Classname:
    @staticmethod                    # 静态方法
    def static_func():
        print('静态方法')
    @classmethod                     # 类方法
    def class_func(cls):
        print('类方法')
    def instance_func(self):         # 实例方法
        print('实例方法')
Classname.static_func()
Classname.class_func()
inst1 = Classname()
inst1.instance_func()
inst1.static_func()
```

运行结果如下:

```
静态方法
类方法
实例方法
静态方法
```

视频讲解

9.2 构造方法和析构方法

Python 中,类具有两个特殊方法,一个是构造方法,另一个是析构方法。构造方法是指 __init__()方法,在创建类时执行;析构方法是指 __del__()方法,当删除一个对象,释放该对象占用的资源时就会调用析构方法。

9.2.1 构造方法

构造方法指的是 __init__()方法。构造方法用于创建对象,当创建类的实例时,Python

解释器会自动调用__init__()方法，从而实现对类进行初始化的操作。

构造方法的定义方式如下：

```
class Student:
    def __init__(self,…):              # 构造方法
        # 代码块
```

构造方法中，__init__()前后各有两条下画线，且中间不能有空格。在 Python 中，以两条下画线开始的方法称为私有方法，因此构造方法是一种私有方法。__init__()方法可以包含多个参数，但必须包含至少一个名为 self 的参数，且名为 self 的参数必须作为第一个参数。

例如，定义一个 Student 学生类，包含一个构造方法和 set_age()方法，代码如下：

```
# Example9.9 构造方法示例
class Student:
    def __init__(self):    # 定义构造方法
        self.age = 18
    def set_age(self):
        print(f"学生的年龄是:{self.age}")
s1 = Student()             # 创建对象并初始化
s1.set_age()
```

运行结果如下：

```
学生的年龄是:18
```

> 💡 **注意事项**：类的构造方法
>
> （1）如果类的定义中没有构造方法，Python 会自动为该类创建一个只包含 self 参数的默认构造方法。
>
> （2）__init__()方法的方法名中，开头和结尾各有两条下画线，且中间不能有空格。

9.2.2 析构方法

当删除一个对象时，该对象占用的资源将会被释放，Python 解释器默认会调用另外一个方法，这个方法就是__del__()方法。__del__()方法被称为析构方法。如果类中没有定义__del__()方法，销毁类的对象时会调用默认的__del__()方法。

下面的例子给出了构造方法与析构方法的使用示例程序：

```
# Example9.10 析构方法示例
class Student:
    name = "小明"
    def __init__(self):              # 构造方法
        print("构造方法被调用")
```

```
        def __del__(self):              # 析构方法
            print("析构方法被调用")
        def show(self):                  # 实例方法
            print("你好%s" % self.name)
    s1 = Student()                       # 创建 s1,调用构造方法
    s1.show()                            # 调用 s1 实例方法 show()
    del s1                               # 删除对象 s1,调用析构方法
```

运行结果如下：

```
构造方法被调用
你好小明
析构方法被调用
```

【练习 9-1】 设计一个 Student 类，具有 name、gender、age 等属性，类中设实例方法 show()用于显示类属性。请创建该类的实例 s1(张华,18,男)，调用 show()方法显示 s1 信息，并在析构时打印信息提示。

视频讲解

9.3 封装

9.3.1 封装的概念

在程序设计中，封装是将同一类的属性和方法封装到一个抽象的类中，外界使用类创建对象，然后让对象调用方法，对象方法的细节都被封装在类的内部。使用者不必了解具体的实现细节，只需要通过外部接口使用类的成员。封装的目的是增强安全性和简化编程。

9.3.2 私有属性和私有方法

1. 私有属性

私有属性是指在类的内部可以借助于 self 参数直接访问，但在类的外部不能直接访问的属性，需要添加用于设置或获取私有属性值的两个公有方法供外界调用。私有属性以两条下画线开头。

设置私有属性的主要目的是保护类的属性不受外界的影响，明确区分内外。将数据设为私有后，可以对外提供操作该数据的接口，在接口上附加对该数据操作的限制，以实现对数据属性操作的严格控制。

下面是私有属性的设置与获取示例：

```
# Example9.11 私有属性示例
class Student:
    def __init__(self, name, age):
        self.name = name
        self.age = age
```

```
            self.__pwd = None                        # 私有属性
        def setpwd(self,pwd):                        # 私有属性设置方法
            self.__pwd = pwd
        def getpwd(self):                            # 私有属性获取方法
            return self.__pwd
s1 = Student("张华","18")
s1.setpwd("123456")                                  # 通过公有方法为私有属性赋值
print("{}的密码是:{}".format(s1.name,s1.getpwd()))    # 通过公有方法获取私有属性赋值
s1.__pwd = "1111111"                                 # 通过对象直接改变私有属性的值
print("{}的密码是:{}".format(s1.name,s1.getpwd()))
```

运行结果如下：

```
张华的密码是:123456
张华的密码是:123456
```

通过程序运行结果可以发现，私有属性的值无法通过对象直接修改。

【练习9-2】 利用私有属性设计一个 Teacher 类，包含有私有属性 __name 和 __age，要求在设置私有属性 __age 时对输入年龄进行合理性控制。

2. 私有方法

私有方法不能直接调用，必须构造另一个函数调用的方法。使用私有方法的主要目的是隔离复杂度，在开发的过程中保护核心代码。私有方法的方法名前面有两条下画线。

下述示例实现了一个 Teacher 类：完成了对其私有对象 __money 进行评价，根据设置的数值，判断当前对象是否为"wealthy person!"。该示例展示了私有方法的调用，代码如下：

```
#Example9.12 私有方法示例
class Person:
    def __init__(self,name,age):
        self.__money = None
        self.name = name
        self.age = age
    def __money_info(self):
        print('wealthy person!')
    def wealth_judge(self,money):
        self.__money = money
        if(self.__money > 10000):
            self.__money_info()
        else:
            print("Not match!")
p1 = Person("张三",40)
print(p1.name,end = ":")
p1.wealth_judge(30000)
```

本例中定义了一个私有方法 __money_info(self) 和一个私有属性 __money，该私有方法

需借助于在类中定义的 wealth_judge() 方法调用。该程序的执行结果如下：

张三:wealthy person!

9.4 继承

在面向对象程序设计中，继承是一种创建新类的方式。一个类继承另一个类时，可以自动获得原有类的属性和公有方法，原有的类称作父类或基类，新类称作子类，子类继承父类的属性和方法，同时可以另外定义自己的属性和方法。

在程序中，继承描述的是事物之间的所属关系，使用继承时，两个类之间的关系应该是"属于"关系。继承可以是单继承也可以是多继承。

9.4.1 单继承

在 Python 中，类继承的主要语法如下：

class 子类名(父类名)：

子类自动继承父类所有公有成员，示例代码如下：

```
#Example9.13 单继承示例
class ParentClass1:              #定义父类
    pass
class SubClass1(ParentClass1):   #定义子类 SubClass1
    pass
print(SubClass1.__bases__)       # 查看继承的父类
```

执行结果如下：

(<class '__main__.ParentClass1'>,)

可以看出，SubClass1 子类继承于父类 ParentClass1。

1. 继承父类方法

现实生活中，学生、老师、工人都是某一类群体，都具有自己的一些特性，但是他们又都属于人类，都具有人类的共同特性和行为。可以将人类抽象为一个父类 People，而将学生、老师和工人分别抽象为 Student、Teacher 和 Worker 类，其关系如图 9-1 所示。

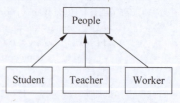

图 9-1 父类与子类的关系

在类的抽象中，子类的共有特性和行为应尽量定义在父类中，从而尽可能地实现类的共享和重用。下面的代码给出了 People 类、Teacher 类和 Student 类的实现，People 为父类，其他两个类都继承自 People 类，代码如下：

```
#Example9.14 多继承示例
class People:                               # 父类定义
    def __init__(self, name, age):          # 定义构造方法
        self.name = name
        self.age = age
    def info(self):                         # 定义类的方法
        print("People 类:{}今年{}岁".format(self.name, self.age))
class Teacher(People):                      # 定义子类
    def teach(self,lesson):
        print("{}教{}.".format(self.name, lesson))
class Student(People):                      # 定义子类
    def study(self,lesson):
        print("{}学习{}.".format(self.name, lesson))
p1 = People("张三", 18)
p1.info()
t1 = Teacher("李四",30)
t1.info()                                   # 执行从父类继承的方法
t1.teach("语文")
s1 = Student("王五",19)
s1.info()
s1.study("数学")
```

本例中，Teacher 类和 Student 类继承于 People 类，也就具有了 People 类定义的属性和方法，t1 和 s1 分别是 Teacher 类和 Student 类的对象实例，所以可以传递类属性参数 name 和 age，并调用父类的 info() 方法。程序执行结果如下：

```
People 类:张三今年 18 岁
People 类:李四今年 30 岁
李四教语文.
People 类:王五今年 19 岁
王五学习数学.
```

2. 重写父类方法

在继承关系中，子类会自动拥有父类定义的方法，但是有时子类想要按照自己的方式实现方法，此时可以通过重写覆盖父类的方法。为此，可在子类中定义一个这样的方法，即它与需要重写的父类方法同名，参数列表也相同。这样，在通过对象实例调用该方法时，Python 将只关注子类中定义的方法，不会考虑原先的父类方法。

比如，上述示例中在 Student 类重写 info() 方法，使得在对象实例 s1 调用 info() 方法时显示自己的要求的信息内容，重写 info() 方法后 Student 类的代码如下，其他内容不变。

```
#Example9.15 重写父类方法
class Student(People):                      # 定义子类
    def study(self,lesson):
        print("{}学习{}.".format(self.name, lesson))
    def info(self):                         # 定义类的方法
        print("Student:{}今年{}岁".format(self.name, self.age))
```

此时创建 s1 对象之后,执行 s1.info()后,执行结果如下:

Student:王五今年 19 岁

可以看出,这是 Student 类重写 info()方法执行的结果。

3. 子类构造函数的重写

子类继承了父类中定义的属性,如果子类要扩展属性,可以先继承父类的构造方法,再定义子类的自身属性。基于本节上面的示例程序,在 Student 子类中增加 school 属性,修改后的示例代码如下:

```
#Example9.16 子类构造函数重写
class People:                                    # 父类定义
    def __init__(self, name, age):               # 定义构造方法
        self.name = name
        self.age = age
    def info(self):                              # 定义类的方法
        print("People类:{}今年{}岁".format(self.name, self.age))
class Student(People):                           # 定义子类
    def __init__(self, name, age, school):
        People.__init__(self, name, age)         #继承父类构造方法
        self.school = school                     # 定义子类的自身属性
    def study(self, lesson):
        print("{}学习{}.".format(self.name, lesson))
s1 = Student("王五",19,"北京大学")
s1.info()
```

程序修改后,子类继承了父类的构造方法,并增加了子类的私有属性 school,当创建子类对象实例 s1 时,会首先调用子类的初始化方法__init__(),此时会调用父类的__init__()方法,完成子类的实例对象的初始化。

4. 父类私有方法的引用

Python 中,子类继承了父类中定义的属性和方法,但不包括私有方法或属性,如果父类中定义了私有方法,子类对象实例可以借助于在父类名字前面加一条下画线的形式进行访问。

对于 3 中的示例程序,假定在 People 类中增加一个__wealth()私有方法,该方法对个人添加标签,区分是否满足财富评价要求。由于子类在继承时没有继承父类的私有方法,如果在子类中想要调用该方法,可以用子类的实例名 s1 进行调用,方法为 s1._People__wealth(),示例代码如下:

```
#Example9.17 父类私有方法引用示例
class People:                                    # 父类定义
    def __init__(self, name, age):               # 定义构造方法
        self.name = name
        self.age = age
    def info(self):                              # 定义类的方法
```

```
            print("People类:{}今年{}岁".format(self.name, self.age))
    def __wealth(self):
        print("评价wealth指标")
class Student(People):                          # 定义子类
    def study(self,lesson):
        print("{}学习{}.".format(self.name, lesson))
s1 = Student("王五",19)
s1._People__wealth()
```

执行结果如下:

```
评价wealth指标
```

通过以上的例子可以看到,Python 中的继承存在以下特点:
(1) 子类继承了父类中定义的属性和方法,但不包括私有属性和私有方法。
(2) 如果父类中定义的方法不能满足子类的要求,子类可以重写父类的同名方法,且参数列表要相同。
(3) 子类初始化方法可以先继承父类的构造方法,再定义子类的自身属性。
(4) 子类可以定义自己的私有方法,且不会与父类同名私有方法冲突。
(5) 在继承关系中,对于父类私有方法,可以借助于子类对象实例,通过在父类名字前加一条下画线的方法进行引用。
(6) Python 调用方法时,首先在当前类中查找,如果找不到就会到父类中查找。

9.4.2 多继承

在现实世界中,人们根据现实世界抽象出许多类,这些类之间具有复杂的关系,一个类并不是另一个类的简单继承,可能会有多个父类,比如 People 类定义了人的基本属性,School 类可以将学校相关的信息集合起来,Student 类描述学生的相关信息,Student 类的一些属性属于 People 类,另一些属性可能来自于 School 类,如图 9-2 所示。

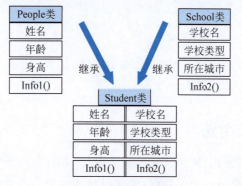

图 9-2　多继承示意图

从图 9-2 可以看出,继承之后,Student 类同时拥有了 People 类和 School 类的属性和方法,这就体现了多继承的特点。

多继承的格式只需要在父类列表中将所有的父类列出就可以,语法格式如下:

class 子类名(父类名 1,父类名 2,…):

Python 支持多继承,多继承就是子类拥有多个父类,并具有它们的共同特征,即子类继承了父类的方法和属性。需要注意的是,当继承多个父类时,如果不同父类中有相同的方法或属性,Python 3 将按照广度优先的原则进行父类属性和方法的继承。

下面是前面列举的 Student 类的示例代码:

```
#Example9.18 多继承示例
class People:                                          # 父类定义
    def __init__(self, name, age, height):             # 定义构造方法
        self.name = name
        self.age = age
        self.height = height
    def info1(self):                                   # 定义类的方法
        print("People 类:{}今年{}岁,身高{}".format(self.name, self.age,self.height))
class School:                                          # 父类定义
    def __init__(self, school,type,city ):             # 定义构造方法
        self.school = school
        self.type = type
        self.city = city
    def info2(self):                                   # 定义类的方法
        print("School 类:{}是一所位于{}的{}".format(self.school, self.city,self.type))
class Student(People,School):                          # 定义子类
    def __init__(self, name, age, height, school, type, city):  # 定义构造方法
        People.__init__(self, name, age, height)       # 继承父类构造方法
        School.__init__(self, school,type,city )       # 继承父类构造方法
    def study(self,lesson):
        print("{}学习{}.".format(self.name, lesson))
s1 = Student("王五",19,180,"北京大学","大学","北京")
s1.info1()
s1.info2()
```

运行结果如下:

People 类:王五今年 19 岁,身高 180
School 类:北京大学是一所位于北京的大学

9.4.3 super()用法

继承可以提高代码的复用,减少代码重复。因此,父类中的方法或属性就可能有很多子类调用,此时如果父类的类名发生了修改,就要对众多子类实现代码进行修改,十分烦琐且容易出错。使用 super()函数可以在子类声明继承关系时替换对于父类的直接引用。

super()函数可以调用父类的方法。使用 super()函数之后,可以通过调用类的 mro()

方法属性查看继承关系。下面通过一个示例程序进行说明：

```
#Example9.19 super()函数用法示例
class People:                              # 父类定义
    def __init__(self, name, age):         # 定义构造方法
        self.name = name
        self.age = age
    def info(self):                        # 定义类的方法
        print("People 类:{}今年{}岁".format(self.name, self.age))
class Student(People):                     # 定义子类
    def info(self):                        # 重写父类方法
        super().info()                     # 使用 super()函数调用父类方法
        print("Student 类")
s1 = Student("王五",19)
s1.info()
print(Student.mro())                       # 调用 mro()方法,显示类的继承关系
```

执行结果如下：

```
People 类:王五今年 19 岁
Student 类
[<class '__main__.Student'>, <class '__main__.People'>, <class 'object'>]
```

可以看出，Student 类的父类是 People 类，People 类的父类是 object 类。在 Python 中，object 是所有类的父类。

9.5 多态

视频讲解

在面向对象程序设计中，除封装和继承外，多态也是非常重要的特性之一。多态的直接表现形式是通过不同类的同一功能可以使用同一个接口调用，并表现出不同的行为。也就是说，不同的子类对象调用相同的父类方法，会产生不同的执行结果。下面通过一段程序说明这一特性：

```
#Example9.20 多态示例
class Person:
    def say(self):
        print("说话")
class Chinese(Person):
    def say(self):
        print("说中文互相交流")
class American(Person):
    def say(self):
        print("说英文互相交流")
p = Person()
p.say()
```

```
p = Chinese()
p.say()
p = American()
p.say()
```

执行结果如下:

```
说话
说中文互相交流
说英文互相交流
```

通过示例程序可以看出,Chinese 和 American 都继承自 Person 类,且各自都重写了父类的 say() 方法。同一变量 p 在执行同一个 say() 方法时,由于 p 实际表示不同的类实例对象,因此 p.say() 调用的并不是同一个类中的 say() 方法,这就是多态。

也可以定义一个接口,通过接口调用 Person 类、Chinese 类、American 类中的同一个 say() 方法,得到的结果将不同,这体现了面向对象中多态的特征。程序如下所示:

```
#Example9.21 多态接口调用示例
class Person:
    def say(self):
        print("说话")
class Chinese(Person):
    def say(self):
        print("说中文互相交流")
class American(Person):
    def say(self):
        print("说英文互相交流")
def say(obj):
    obj.say()
p = Person()
c = Chinese()
a = American()
say(p)
say(c)
say(a)
```

运行结果如下:

```
说话
说中文互相交流
说英文互相交流
```

设计实践

视频讲解

1. 向量运算

在数学中,向量是一个重要的概念。向量具有大小和方向,其大小对应于模,方向对应于标准化向量。向量之间可以进行加法、减法、点乘和叉乘等运算。定义向量类 Vector,对输入的向量进行上述运算。

2. 斗地主换牌

斗地主是一种常见的游戏。三人玩一副牌,每局有一个玩家是地主,另外两个玩家组成同盟。有三个玩家,每个玩家 17 张牌,剩余 3 张留作底牌。

假设斗地主的三个玩家分别为玩家 A、玩家 B 和玩家 C。为保证发牌的公正性,分完牌后可以设置换牌程序,换牌的规则是将玩家 A、玩家 B 和玩家 C 手中的牌互换。利用本章所学的类以及随机函数,设计一款发牌及换牌程序,显示换牌前和换牌后的三个玩家手中持牌的情况。换牌结果示例如图 9-3 所示。

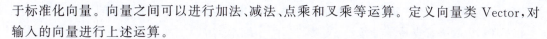

图 9-3 换牌结果

本章小结

Python 中一切皆对象,面向对象程序设计是 Python 程序设计的重要内容。本章主要介绍了面向对象的相关知识,包括面向对象的概念、类和对象的使用、类的属性和方法、封装、继承、多态等相关知识。

通过本章的学习,读者应该能理解面向对象编程思想,掌握面向对象编程技巧,重点掌握类的属性及方法的创建及调用关系,掌握构造方法及析构方法的作用及使用,掌握封装、继承及多态的主要概念及编程方法。

本章习题

一、填空题

1. 在 Python 中,可以使用_____关键字声明一个类。
2. 类方法中必须有一个_____参数,位于参数列表的开头。
3. Python 提供了名为_____的构造方法,实现让类的对象完成初始化。
4. 如果属性名的前面加了两条下画线,就表明它是_____属性。
5. 在现有基础上构建新类,新的类称作_____,现有的类称作父类。

6. 父类的_____属性和方法是不能被子类继承的，更不能被子类访问。
7. Python 语言支持单继承，也支持_____继承。
8. 子类想按照自己的方法实现父类方法，需要_____父类继承的方法。
9. 子类通过_____可以成功地访问父类的成员。
10. 位于类内部、方法外部的方法是_____方法，使用修饰器_____标识。
11. 不同的子类对象调用相同的父类方法，可产生不同的执行结果。这种特性叫作_____。

二、选择题

1. 关于类和对象的关系，下列描述错误的是（   ）。
   A. 面向对象程序设计使用对象映射现实中的事物
   B. 类（class）是现实中具有相同特征的一类事物的抽象
   C. 类用于描述多个对象的共同特征，它是对象的模板
   D. 对象是类的个体或实例，代表着客观世界中的某个具体事物
2. 构造方法的作用是（   ）。
   A. 一般成员方法   B. 类的初始化   C. 对象的初始化   D. 对象的建立
3. Python 类中包含一个特殊的变量（   ），它可以访问类的成员。
   A. self   B. me   C. this   D. 与类同名
4. 下列选项中，符合类的命名规范的是（   ）。
   A. HelloWorld   B. Hello World   C. helloWorld   D. helloworld
5. Python 中用于释放类占用资源的方法是（   ）。
   A. __init__   B. __del__   C. _del   D. delete
6. Python 中定义私有属性的方法是（   ）。
   A. 使用 private 关键字   B. 使用 public 关键字
   C. 使用 XX__ 定义属性名   D. 使用 __XX 定义属性名
7. 下列选项中，不属于面向对象程序设计三个特征的是（   ）。
   A. 抽象   B. 封装   C. 继承   D. 多态
8. 以下 C 类继承 A 类和 B 类的正确格式是（   ）。
   A. class C A,B：   B. class C(A：B)：   C. class C(A,B)：   D. class C A and B：
9. 下列选项中，与 class Animal 等价的是（   ）。
   A. classAnimal(Object)   B. class Animal(A)
   C. classAnimal(object)   D. class Animal：object
10. 下列关于类属性和实例属性的说法中，描述正确的是（   ）。
    A. 类属性既可以显式定义，又可以在方法中定义
    B. 公有类属性可以通过类和类的实例访问
    C. 通过类可以获取实例属性的值
    D. 类的实例只能获取实例属性的值

11. 下列方法中,不可以使用类名访问的是(   )。
    A. 实例方法　　　　　　　　　　B. 类方法
    C. 静态方法　　　　　　　　　　D. 以上三项均不符合

三、判断题

1. 方法和函数的格式是完全一样的。(   )
2. 创建类的对象时,系统会自动调用构造方法进行初始化。(   )
3. 创建完对象后,其属性的初始值是固定的,外界无法修改。(   )
4. 使用 del 语句删除对象,可以手动释放该对象所占用的资源。(   )
5. Python 中没有任何关键字可用于区分公有属性和私有属性。(   )
6. 继承会在原有类的基础上产生新的类,这个新类就是父类。(   )
7. 带有两条下画线的方法一定是私有方法。(   )
8. 子类能继承父类的一切属性和方法。(   )
9. 子类通过重写继承的方法,可以覆盖与父类同名的方法。(   )
10. 如果类属性和实例属性重名,则对象优先访问类属性的值。(   )
11. 使用类名获取到的值一定是类属性的值。(   )
12. 静态方法中一定不能访问实例属性的值。(   )
13. 使用类名不能访问实例属性或实例方法。(   )

四、简答题

1. 请简述构造方法和析构方法的异同。
2. 请简述如何保护类的属性。
3. 分别解释什么是继承、多态和封装。
4. 请简述实例方法、类方法和静态方法的区别。
5. 请简述 Python 中以下画线开头的变量名的特点。

五、编程题

1. 设计一个长方形(Rectangle)类,该类包括长、宽、颜色等属性,还包括构造方法和计算周长和面积的方法。设计完成后测试类的功能。
2. 设计一个课程类,该类中包括课程编号、课程名称、任课教师、上课地点、上课时间等属性,还包括构造方法和显示课程信息的方法。其中,上课地点的属性和上课时间的属性是私有的。设计完成后测试类的功能。
3. 设计一个学生类 Student,包含 name、age 和 scores 三个属性,其中 name 是姓名,age 是年龄,scores 是语、数、英三科成绩,每科成绩都是整数,此外该类还包含如下 3 个方法:
(1) 获取学生姓名的方法:get_name(),返回类型为字符串类型。
(2) 获取学生年龄的方法:get_age(),返回类型为整数类型。
(3) 返回三个科目中最高的分数:get_max_score(),返回类型为整数类型。
4. 设计一个动物类 Animal,其中有一个颜色属性 color 和吠叫方法 call()。再设计一个狗类 Dog,其中有颜色(color)属性及一个吠叫方法 call()。提示:让 Dog 继承自 Animal 类,重写 init 方法和 call()方法,设计完成后测试所定义类的功能。

  5. 利用多态性,编程创建一个车辆类 Vehicle,定义一个开车方法 drive()。创建车辆类的两个子类:轿车子类 Car 和摩托车子类 Motorcycle,并在各自类中重写方法 drive()。创建一个人类 Person,定义驾驶车辆的方法 drive_vehicle(),设计完成后测试所定义类的功能。

第10章 Python界面设计

CHAPTER 10

章节导图

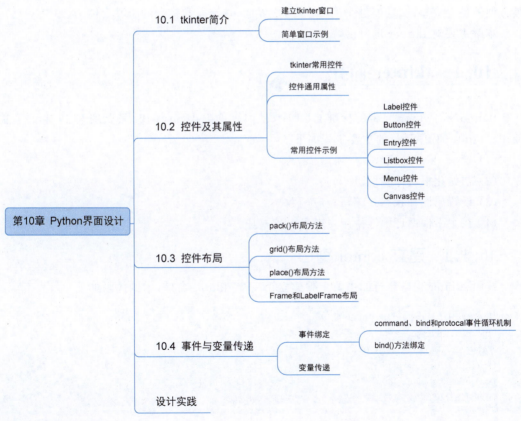

学习目标

（1）理解界面设计的概念；
（2）了解常用界面设计工具；

(3) 掌握 tkinter 界面设计方法；

(4) 理解 tkinter 常用控件的属性及使用方法；

(5) 掌握 grid、pack 和 place 等控件布局及参数设置；

(6) 掌握界面设计中的事件绑定与变量传递。

图形用户界面设计也称 GUI 设计。图形用户界面是人机交互的图形化用户界面，由窗口、下拉菜单、对话框及相应的控制机制构成，一般属于前端设计的范畴。

Python 中有许多图形化设计相关的工具包，比如 Python 自带的 tkinter，以及 PyQt、wxPython 等，在应用开发中广泛使用。tkinter 模块是 Python 自带的标准 GUI 工具包的接口，借助于 tkinter 可以快速开发一些简单的界面应用程序，很多 Python 工具都建立在 tkinter 库的基础上，Python IDLE、Turtle 绘图库等都是用 tkinter 编写而成。PyQt 是第三方提供的 GUI 工具包，是 Python 和 Qt 库的有机结合，是一个支持多平台的 GUI 工具包，功能比较强大。wxPython 是 Python 语言的一套优秀的 GUI 图形库，允许 Python 程序员很方便地创建完整的、功能健全的 GUI 用户界面，具有非常优秀的跨平台能力。

本章主要对 tkinter 进行讲解。

10.1　tkinter 简介

tkinter 是 Python 自带的标准 GUI 库，是内置的 Python 模块，只要安装 Python 就能使用。tkinter 程序运行的主要步骤如下：

(1) 导入 tkinter 模块。

(2) 初始化根窗体实例。

(3) 设置属性和状态并编写相应函数。

(4) 在主事件循环中等待用户触发事件响应。

视频讲解

10.1.1　建立 tkinter 窗口

按照 tkinter 程序运行的主要步骤建立第一个 tkinter 窗口，示例代码如下：

```
# Example10.1 第一个 tkinter 窗口
import tkinter as tk                # 导入 tkinter 库
win = tk.Tk()                       # 创建窗口
win.title("第一个窗口")              # 窗口标题
win.geometry("400x300")             # 设置窗口大小
win.mainloop()                      # 主事件循环
```

上述代码创建了一个无任何交互空间的 tkinter 程序，是一个最基本的 GUI 程序。程序首先导入 tkinter 库，利用其中的 Tk GUI 工具包的接口 Tk() 创建了一个根窗口（主窗口）对象 win，使用 title() 和 geometry() 方法可设置窗口的标题文字和窗体的大小。mainloop() 方法放在代码的最后，表示将窗体置于主循环中，除非用户关闭，否则程序始终处于运行状态,用户关闭后则执行后面的代码。在这个主循环的根窗体中,可持续呈现其他可视化控件实例,监测事件的发生并执行相应的处理程序。

程序运行后显示的窗口如图 10-1 所示。

图 10-1　第一个窗口

10.1.2　简单窗口示例

10.1.1 节创建的是一个无任何交互的控件的 tkinter 程序,创建主窗口后,其他控件需要建立在主窗口上。接下来简单改动 10.1.1 节的程序,添加一个文本框和一个按钮,当单击"加 1"按钮时会将文本框中的数字加 1,如图 10-2 所示。

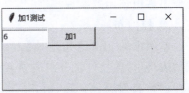

图 10-2　简单窗口示例

该示例中,向主窗口中添加两个控件,一个为单行输入框 Entry,另一个为按钮 Button,并对控件布局和事件进行处理。具体代码如下:

```
# Example10.2 简单窗口示例
import tkinter as tk              # 导入 tkinter 库
from tkinter import messagebox
win = tk.Tk()                     # 创建窗口
win.title("加 1 测试")             # 窗口标题
win.geometry("300x100")           # 设置窗口大小
# 控件事件
def add_clicked():                # 加 1 操作
    txt = entry1.get()
    if txt.isdigit():
        txt = int(txt) + 1
    entry1.delete(0,"end")
    entry1.insert(0,str(txt))
# 添加控件
```

```
btn = tk.Button(win, text = "加 1", width = 10, command = add_clicked)
entry1 = tk.Entry(win, width = 10)
entry1.insert(0, "0")
# 使用 grid 布局控件
entry1.grid(row = 0, column = 0)
btn.grid(row = 0, column = 1)
win.mainloop()                          # 主事件循环
```

下面对上述实例程序进行简要分析。

1) 主窗口设置

上述程序主要对主窗口标题、主窗口大小进行设置；

2) 添加控件

tkinter 提供了丰富的控件，比如按钮、标签、文本框等，添加控件的格式如下：

控件名 = tk.控件(参数列表)

本例中添加了两个控件：Button 和 Entry，通过 btn＝tk.Button()语句创建了一个名为 btn 的 Button 按钮控件。tk.Button 是按钮类，需要注意按钮控件通过 command 赋值一个函数，该函数为自定义的实现"加 1"功能的函数。当按钮按下时该函数会被执行，按钮的动作事件由该函数实现。

3) 控件布局

本例中的 grid 语句是 tkinter 给出的控件布局方式。Grid（网格）将控件放置到一个二维的表格里，主控件被分割成一系列行和列，表格中的每个单元都可以放置一个控件，控件所在的行和列用 row 和 column 指定。

10.2 控件及其属性

视频讲解

tkinter 提供了许多控件（widget），比如按钮、文本框、画布、菜单等，每个控件都可以实现一定的功能，并具有详细的属性（参数）。使用这些控件前要了解每个控件的用法，掌握每个控件参数的详细含义。许多控件的属性具有通用性，下面给出 tkinter 常用控件以及许多控件的通用属性，了解这些内容，有助于大家掌握 tkinter 控件的快速使用。

10.2.1 tkinter 常用控件

表 10-1 给出了一些常用控件及简要说明。

表 10-1 tkinter 常用控件

tkinter 控件类	控 件 名	说 明
Label	标签控件	显示文本或位图
Entry	单行文本框	供用户输入一行文本字符串

续表

tkinter 控件类	控件名	说明
Text	多行文本框	用于显示或输入多行文本
Spinbox	可调输入控件	向用户提供值的范围,用户可以从中选择一个范围
Button	按钮	显示按钮或执行事件动作
Radiobutton	单选按钮	显示一个单选按钮的状态
Checkbutton	多选按钮	在程序中提供多项选择框
Listbox	列表框	显示字符串列表选项
Menu	菜单	显示菜单栏
OptionMenu	下拉菜单	显示下拉菜单
Canvas	画布	Canvas 控件实现绘图
Frame	框架	在屏幕上显示一个矩形区域,作为控件容器
LabelFrame	标签框架	分组容器,用于对多个关联控件进行分组
PanelWindow	面板	窗口布局管理,可以包含一个或多个子控件
Message	消息	用于显示多行文本
Scrollbar	滚动条	用于调整一些控件的可见范围
Scale	图形滑块	提供一个图形滑块对象,允许用户从特定比例中选择值
Toplevel	上层窗口	用于创建和显示由窗口管理器直接管理的顶层窗口

tkinter 开发工具没有 VB 之类的图形控件拖曳实现的界面。有些第三方开发模块,比如 PyQt、Visual tkinter 等,可以提供图形化编程界面。但使用 Python Idle 或 PyCharm 对 tkinter 进行开发,需要在程序里面实现控件的调用、布局及参数设置,所以这些控件的布局及参数的设置就显得十分重要。

10.2.2 控件通用属性

tkinter 中许多控件的尺寸、颜色、字体、样式、位置等参数属于共同属性,基本上每个可视化控件都有这些属性。掌握这些通用属性,有助于快速掌握控件的使用方法。

常见的控件共同属性如表 10-2 所示。

表 10-2 常用的控件共同属性

属性	说明	取值
state	控件实例状态是否可用	NORMAL(默认)或 DISABLED
bg	背景色	参数值可以是颜色的十六进制数,或者颜色的英文单词
fg	前景色	参数值可以是颜色的十六进制数,或者颜色的英文单词
bd	边框加粗	像素,默认为 2
width	控件宽度	Button、Label 或 Text 等单位为字符数,其他控件单位为像素(pixel)
height	控件高度	Button、Label 或 Text 等单位为字符数,其他控件单位为像素(pixel)

续表

属性	说明	取值
borderwidth	定义控件的边框宽度	Entry(borderwidth=10).pack()，单位为像素（pixel）
padx 与 pady	定义控件内的文字或图片与控件边框之间的水平距离和垂直距离	Button(padx=10,pady=20,text="开始").pack()
text	定义控件显示的文字	
font	字体	如 font=('黑体',40,'bold','italic')
image	定义控件内显示的图片文件	photo = PhotoImage(file="./1.gif") Label(win,image=photo).pack()
relief	3D 浮雕样式	FLAT、RAISED、SUNKEN、GROOVE 或 RIDGE
justify	多行文本的对齐方式	CENTER（默认）、LEFT、RIGHT、TOP 或 BOTTOM
anchor	锚点位置	定义控件在窗口中的位置或文本在控件内的位置，取值为 n、ne、e、se、s、sw、w、nw 或 center，默认为 center
cursor	控件光标样式	cursor='left_ptr'、'heart'、'hand1'、'spider'等
variable	将控件的数值映像到一个变量	当控件的数值与变量值关联。变量是 StringVar、IntVar、DoubleVar 及 BooleanVar 的实例变量，可以使用 get()与 set()方法读取与设置变量

10.2.3 常用控件示例

从表 10-1 可以看出，tkinter 控件包括文本输入、列表框、组合框、菜单、进度条等，下面举例说明几种常用控件的用法。

1. Label 控件

Label（标签）控件用于显示文本或图像，是 tkinter 中最常用的控件。

创建方法：通过 tk.Label(参数)语句创建，参数可根据实际需求传入，示例代码如下：

```
label = tk.Label(win, text="显示文本",bg="#f5f1e3",
width=50,height=15, padx=5, pady=5, borderwidth=3)
```

以下示例在窗口中建立了一个 Label 控件，并设置 Label 控件的大小、形状、颜色、显示文字等参数信息，示例代码如下：

```
#Example10.3 Label 控件的使用
import tkinter as tk
win = tk.Tk()
win.title("Label 控件演示")
win.geometry("300x100")
label=tk.Label(win,text="tkinter——标签演示",bg="#f5f1e3",\
```

```
width = 50, height = 15, padx = 5, pady = 5, borderwidth = 3)
label.pack()
win.mainloop()
```

执行结果如图 10-3 所示。

2. Button 控件

Button(按钮)控件是实现程序与用户之间交互的最重要的控件之一。通过定义函数,并将函数与按钮通过参数关联在一起,单击按钮就可以触发函数对应的功能。

图 10-3　Label 控件示例

创建方法：通过 btn = tk.Button(参数)语句创建,参数可根据实际需求传入,示例如下。

```
btn = tk.Button(win, text = "显示文本", command = 函数名)
```

以下示例在窗口中建立了一个 Button 控件,设置了 Button 控件的标题、颜色、大小等参数信息,并设置了一个按钮的鼠标单击事件,该事件链接函数 clickBtn(),单击该按钮便会执行该函数,弹出一个消息框,显示"按钮被单击了",示例代码如下：

```
#Example10.4 Button 控件的使用
import tkinter as tk
from tkinter import messagebox
win = tk.Tk()
win.title("Button 控件演示")
win.geometry("300x100")
def clickBtn():
    messagebox.showinfo(title = "提示框", message = "按钮被单击了")
btn = tk.Button(win, text = "单击一下", bg = "#f5f1e3", \
    width = 30, height = 15, command = clickBtn)
btn.pack()
win.mainloop()
```

执行结果如图 10-4 所示。

图 10-4　Button 控件示例

3. Entry 控件

Entry 控件负责用户输入内容,从而实现程序与用户的交互,是最常用的控件之一。Entry 控件通过 entry= tk.Entry()方法创建。

Entry 控件的常用方法如表 10-3 所示。

表 10-3　Entry 控件的常用方法

方　　法	说　　明
get()	获取输入框内的值
set()	设置输入框内的值
delete()	根据索引删除输入框内的值
insert()	在指定位置插入值
index()	返回指定的索引值
select_clear()	取消选中状态

在 Entry 控件中,可以通过以下方式指定字符的所在位置:

(1) 数字索引:表示从 0 开始的索引数字。

(2) "ANCHOE":在存在字符的情况下,它对应第一个被选中的字符。

(3) "END":对应已存在文本中的最后一个位置。

(4) "insert(index,'字符')":将字符插入 index 指定的索引位置。

以下示例在窗口中建立了一个 Entry 控件,使用 delete()方法删除输入框中已经存在的内容,"end"参数对应已存在文本中的最后一个位置,然后使用 insert()方法在索引为 0 的位置插入"Python 编程语言"字符串,示例代码如下:

```
#Example10.5 Entry 控件的使用
import tkinter as tk
from tkinter import messagebox
win = tk.Tk()
win.title("Entry 控件演示")
win.geometry("300x100")
ent = tk.Entry(win)
ent.delete(0, "end")
ent.insert(0,'Python 编程语言')
ent.pack()
win.mainloop()
```

程序的运行效果如图 10-5 所示。

4. Listbox 控件

Listbox 控件称为列表框,用来显示字符串列表,供用户选择所列条目,并返回选择结果。Listbox 控件通常用于显示一组文本选项,以列表的形式提供选项。

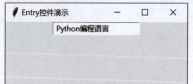

图 10-5　Entry 控件示例

创建方法:通过 tk.Listbox(参数)语句创建,示例代码如下:

```
tk.Listbox(win, selectmode = "single")
```

Listbox控件根据selectmode选项提供了四种不同的选择模式:"single""browse""multiple"和"extended"。"browse"与"single"模式基本相同,拖动鼠标或通过方向键可以直接改变选项,"extended"模式下按住Shift键或Ctrl键或拖动鼠标可以实现多选。默认为"browse"模式。

以下示例在窗口中建立了一个Listbox控件,用来显示供选择的城市列表,其中的列表框选择"single"单选模式,利用Listbox控件的insert()方法添加城市选项,示例代码如下:

```
# Example10.6 Listbox控件的使用
import tkinter as tk                              # 导入tkinter库
win = tk.Tk()                                     # 创建窗口
win.title("Listbox示例")                          # 窗口标题
win.geometry("200x200")                           # 设置窗口大小
# 添加控件
lbx1 = tk.Listbox(win, selectmode = "single")     # 列表框
btn1 = tk.Button(win,text = "删除",command = lambda \
        x = lbx1:x.delete("active"))
# 给列表框添加字符串选项
for i in ["北京""上海""广州""深圳""青岛"]:
    lbx1.insert("end",i)
# 使用grid对控件布局
btn1.grid(row = 0,column = 1)
lbx1.grid(row = 1,column = 1)
win.mainloop()                                    # 主事件循环
```

上述示例中,创建一个用于删除处于"active"状态的条目的删除按钮btn1,单击"删除"按钮将删除当前选中的条目。执行结果如图10-6所示。

Listbox控件的属性和方法比较多,限于篇幅不一一陈述,具体可以参考Python开发文档。

5. Menu控件

Menu控件也称菜单控件,借助于菜单可以将命令进行分组可视化,每个命令分组可以看作一个子菜单,每个子菜单又可以包含许多程序执行命令。当打开菜单时,这些命令就会"显式"地呈现出来,方便用户进行选择;不使用时这些命令都处于隐藏状态,可以节省窗口区域,让程序界面更简洁。

图10-6　Listbox控件示例

tkinter Menu控件提供了三种类型的菜单,分别是toplevel(主目录菜单)、pull-down(下拉式菜单)和pop-up(弹出式菜单)。表10-4给出了Menu控件的常用方法。

表 10-4　Menu 控件常用方法

方　法	说　明
add_command(options)	新建一个菜单项
add_radiobutton(options)	新建一个选择按钮菜单项
add_checkbutton(options)	创建一个复选框菜单项
add_cascade(options)	创建一个新的级联菜单,将一个指定的菜单与其父菜单进行关联
add_separator()	新建一个分隔符
add(type,options)	新增一个特殊类型的菜单项
delete(startindex[,endindex])	删除 startindex 到 endindex 之间的菜单项
entryconfig(index,options)	修改 index 的菜单项
index(item)	返回 index 索引值的菜单项标签

以下示例在窗口中建立了一个 Menu 控件,用于在窗口中创建主菜单,示例代码如下:

```
#Example10.7 使用 Menu 控件创建菜单
import tkinter as tk
from tkinter import messagebox
win = tk.Tk()
win.title("Menu 控件演示")
win.geometry("300x100")
menu = tk.Menu(win)                              # 创建一个主目录菜单
menu.add_command (label = "文件")                # 利用 add_command()方法新增菜单项
menu.add_command (label = "编辑")
menu.add_command (label = "格式")
menu.add_command (label = "运行")
menu.add_command (label = "选项")
menu.add_command (label = "窗口")
menu.add_command (label = "帮助")
win.config(menu = menu)                          # 显示菜单
win.mainloop()
```

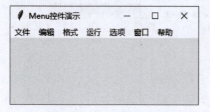

图 10-7　Menu 控件示例

其中,add_command()方法为 Menu 菜单添加普通菜单项,win.config(menu=menu)语句用于在窗口中显示菜单,运行结果如图 10-7 所示。

创建下拉菜单时需要先创建一个主菜单和一个子菜单,利用 add_command()添加菜单项,利用 add_cascade()的 menu 参数将下拉子菜单与新建的用于级联的主菜单项进行绑定,具体示例如下:

```
#Example10.8 使用 Menu 控件创建菜单
import tkinter as tk
from tkinter import messagebox
win = tk.Tk()
win.title("Menu 控件演示")
```

```
win.geometry("300x100")
mainmenu = tk.Menu(win)                                    # 创建主菜单
mainmenu.add_command(label = "一级菜单1")
secmenu = tk.Menu(mainmenu)                                # 创建二级子菜单
secmenu.add_command(label = "二级菜单1")
secmenu.add_separator()                                    # 增加分割线
secmenu.add_command(label = "二级菜单2")
secmenu.add_command(label = "二级菜单3")
mainmenu.add_cascade(label = "一级菜单2", menu = secmenu)   # 创建级联菜单项
win.config(menu = mainmenu)                                # 绑定下拉菜单
win.mainloop()
```

其中,add_separator()方法可以在菜单项之间加入分隔线,有助于对同级菜单进行功能分组,运行结果如图10-8所示。

Menu控件的属性和方法比较多,限于篇幅不一一陈述,具体可以参考 Python 开发文档及 tkinter 8.5 参考手册(a GUI for Python)。

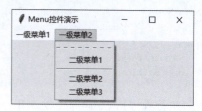

图10-8　下拉菜单示例

6. Canvas 控件

Canvas(画布)控件具有绘制图形、展示图片的功能,可以将图形、文本或框架放置在画布上,甚至可以创建简单的图形编辑器。Canvas 控件中有多种绘图组件,比如线条、矩形、文本、椭圆、多边形、图像等。Canvas 控件常用组件创建方法如表10-5所示。

表10-5　Canvas 常用组件创建方法

组件方法	功能
create_arc	绘制弧
create_bitmap	绘制位图
create_image	绘制图片
create_line()	绘制直线
create_polygon	绘制多段线图形
create_oval()	绘制椭圆
create_text	绘制文字
create_window	绘制组件

Canvas 控件的创建方法如下:

```
canvas = tk.Canvas(master, option = value, ...)
```

其中,master 是要创建的 Canvas 控件的父容器,options 是 Canvas 控件可设置的属性,为可选项,以逗号分隔。Canvas 控件属性包括背景、颜色、边框、尺寸、滚动条等。

Canvas 控件的用法与其他控件一样,只要创建并添加 Canvas 控件,然后调用该控件的

方法绘制图形即可。如下示例程序给出了一个简单的 Canvas 绘图案例,绘制了一个三角形。

```
#Example10.9 使用 Canvas 控件简单示例
import tkinter as tk
from tkinter import messagebox
win = tk.Tk()
win.title("Canvas 控件演示")
win.geometry("400x200")
canvas = tk.Canvas(win,                          # 父容器是 tkinter 窗口 win
                  bg = '#f5f1e3',                # 背景色
                  width = 200,                   # 宽
                  height = 200)                  # 长
trigon = canvas.create_polygon(30,30,150,80,150,150,  # 多边形顶点坐标
                              fill = "green")   # 填充色为绿色
canvas.pack()                                    # 布局
win.mainloop()                                   # 主事件循环
```

执行程序后,在画布上绘制出一个绿色三角形,如图 10-9 所示。

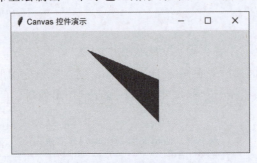

图 10-9　Canvas 控件示例

使用 Canvas 控件绘图时,需要注意坐标系的使用。因为画布的尺寸是单独设置的,可能比窗口大,因此,每个画布中都有窗口坐标和画布坐标两个坐标系,窗口坐标以窗口左上角作为坐标原点,而画布坐标则以画布左上角作为坐标原点。默认为画布坐标,其中点(0,0)位于 Canvas 控件的左上角,X 轴水平向右延伸,Y 轴垂直向下延伸。将画布坐标系转换为窗口坐标系,可以使用 canvasx() 和 canvasy() 方法。

下面以绘制图 10-10 所示的五角星为例,说明坐标的使用。图中所示坐标为画布坐标,O(0,0)点是坐标原点,五角星的中心坐标为 O1(200,200),代表五角星大小的半径 r 为 100,通过五角星的数学计算,可以计算出五角星 A、B、C、D、E 五个顶点的坐标,使用 create_polygon() 多段线绘制方法可以绘制出五角星。

五角星的顶角为 36°,设 O1_x=200,O1_y=200,r=100 分别为五角星中心点的 X、Y 坐标值和半径,通过图中所示的辅助线可以计算出 E 点的坐标值分别如下:

$$E\_x = O1\_x - r * \sin(72°)$$
$$E\_y = O1\_y - r * \sin(18°)$$

同样方法可以计算出其他点坐标,利用 create_polygon()可以绘制多段线,多段线坐标需要按照连线先后顺序排放(A→C→E→B→D)。将数学三角函数中的角度转化为弧度,便可以完成五角星的绘制。示例代码如下:

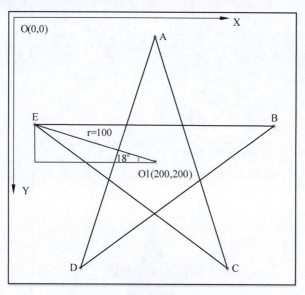

图 10-10　五角形顶点坐标计算示意图

```
# Example10.10 使用 Canvas 控件绘制五角星
import tkinter as tk
import math
win = tk.Tk()
win.title("Canvas 绘制五角星示例")
canvas = tk.Canvas(win,width = 400,height = 400,background = "white")
canvas.pack()
# 五角星的中心点 O1 坐标和半径 r
O1_x = 200
O1_y = 200
r = 100
# A、B、C、D、E 五个顶点坐标
# 多段线坐标需要按照连线先后顺序排放(A ▸ C ▸ E ▸ D ▸ D)
points = [
    # A 点坐标
    O1_x,
    O1_y - r,
    # C 点坐标
    O1_x + int(r * math.sin(math.pi / 5)),
    O1_y + int(r * math.cos(math.pi / 5)),
    # E 点坐标
    O1_x - int(r * math.sin(2 * math.pi / 5)),
    O1_y - int(r * math.cos(2 * math.pi / 5)),
```

```
        # B点坐标
        O1_x + int(r * math.sin(2 * math.pi/5)),
        O1_y - int(r * math.cos(2 * math.pi/5)),
        # D点坐标
        O1_x - int(r * math.sin(math.pi / 5)),
        O1_y + int(r * math.cos(math.pi / 5)),
]
# 绘制五角星,并用颜色填充
canvas.create_polygon(points,outline = 'blue',fill = 'red')
win.mainloop()
```

绘制效果如图 10-11 所示。

图 10-11 使用 Canvas 控件绘制五角星效果图

10.3 控件布局

视频讲解

tkinter 提供了三种常用的控件布局方法:pack、grid 和 place,用于管理整个绘图区域的控件排列,实现容器内不同的控件布局,如表 10-6 所示。

表 10-6 tkinter 布局方式

布局方式	描述
pack	顺序布局,按添加顺序排列控件
grid	网格布局,按行列网格排列控件
place	按位置布局,指定控件的大小和绝对位置
Frame 和 LabelFrame 框架	在屏幕上创建一块矩形区域,多作为容器布局其他控件

1. pack()布局方法

pack()布局方法按控件的添加顺序进行布局排列。pack()布局方法适合于少量控件的排序，一般添加控件后直接使用.pack()布局方法就可以按照控件添加的顺序，自上而下逐行进行布局排列。pack()布局方法的主要参数如表10-7所示。

表10-7 pack()布局方法的主要参数

参 数	说 明
after	将控件置于其他控件之后
before	将控件置于其他控件之前
anchor	控件的对齐方式，顶对齐为'n'，底对齐为's'，左对齐为'w'，右对齐为'e'，居中为'center'
side	设定控件在主窗口中的位置，可以为'top''bottom''left''right'，分别为靠上、靠下、靠左和靠右排列，如 side='top'或 side=tkinter.top 等
fill	填充方式（y 为垂直，x 为水平）
expand	控件扩展方式，1 可扩展，0 不可扩展

下面的示例程序添加了一个 label 和两个 Button，创建控件时可以直接利用 pack()布局方法按顺序进行排列，如下所示：

```
#Example10.11 pack()布局方法
from tkinter import *
win = Tk()
lb1 = Label(win,text = "pack()布局方法测试").pack()
b1 = Button(win, text = "按钮 1").pack()              # pack 布局方法
b2 = Button(win, text = "按钮 2").pack()              # 默认上下顺序排列
mainloop()
```

pack()布局方法将控件按顺序从上到下居中对齐排列，结果如图 10-12 所示。

图 10-12　pack()布局方法上下布局

在 pack()布局方法中添加参数可以修改排列方式，比如将两个按钮横向排列，就可以修改程序如下：

```
#Example10.12 pack()布局方法左右布局
from tkinter import *
win = Tk()
lb1 = Label(win,text = "pack()布局方法测试").pack()
b1 = Button(win, text = "按钮 1").pack(side = "left")       #按钮 1 放置在左边
b2 = Button(win, text = "按钮 2").pack(side = "right")      #按钮 2 放置在右边
mainloop()
```

利用 side 参数将两个按钮一左一右排列,效果如图 10-13 所示。

pack()布局方法只能进行简单的布局,如果想要对复杂的控件进行布局,就要使用 grid()布局方法或者 Frame 框架。

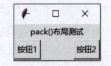

图 10-13 pack()布局方法实现左右布局

2. grid()布局方法

grid()布局方法把控件位置作为一个二维表结构维护,按照行列的方式排列控件。使用 grid 排列组件,只需给出控件放置的行列位置即可。对于不同大小的控件,可以通过设置控件跨越的行数或列数设置控件的大小。需要注意的是,grid()布局方法支持 rowspan 和 columnspan,可以实现控件的跨行或跨列布局,给出的数据表示占用行或列的数量。

grid()布局方法的主要参数如表 10-8 所示。

表 10-8 tkinter grid()布局方法的主要参数

参数	说明
column	设置控件所放置的列,默认为 0
row	设置控件所放置的行,默认为 0
ipadx	设置控件对象水平方向的内边距
ipady	设置控件对象垂直方向的内边距
padx	设置控件对象水平方向的外边距
pady	设置控件对象垂直方向的外边距
columnspan	设置控件对象所占列数,即用多少列显示该控件
rowspan	设置控件对象所占行数,即用多少行显示该控件
sticky	设置控件在 grid()布局方法分配的空间中的位置,使用 "n""e""s""w"以及它们的组合定位,其中"e""w""s""n"分别代表东、西、南、北

grid()布局方法较为灵活,比 pack()布局方法更便捷。下面的示例使用 grid()布局方法实现了一个用户登录界面。

```
#Example10.13 grid()布局方法
from tkinter import *
root = Tk()
root.title("用户登录")
Label(root, text = "用户名").grid(row = 0)              # Label"用户名"在第 0 行
Label(root, text = "密码").grid(row = 1)               # Label"密码"在第 1 行
Entry(root).grid(row = 0, column = 1)                  # Entry 输入框在第 0 行第 1 列
Entry(root).grid(row = 1, column = 1)                  # Entry 输入框在第 1 行第 1 列
Button(root, text = "Cancel").grid(row = 2, column = 0) # 第 2 行第 0 列
Button(root, text = "Login").grid(row = 2, column = 1)  # 第 2 行第 1 列
root.mainloop()
```

其中,所有控件占用 3 行 2 列,第 2 行放置了两个按钮,Cancel 按钮放在第 0 列,Login 按钮放在第 1 列,两个按钮左右放置,效果如图 10-14 所示。

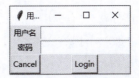

图 10-14　grid()布局方法实现用户登录界面

> **注意事项：pack()与 grid()布局方法**
>
> （1）pack()布局方法采用相对位置布局方式，grid()布局方法采用网格型的布局方式，二者的布局原理不同。
>
> （2）在排列布局中，对于同一个容器内的控件布局时不能同时使用 pack()和 grid()布局方法，否则会出错。

3. place()布局方法

place()布局方法直接使用坐标放置控件，通过参数指定控件的位置(x,y)和大小(width,height)，属于绝对位置和绝对大小布局，主要参数如表 10-9 所示。

表 10-9　place()布局方法的主要参数

参　　数	说　　明
anchor	控件的对齐方式
x	控件左上角的 x 坐标
y	控件右上角的 y 坐标
relx	控件相对于窗口的 x 坐标，应为 0～1 的小数
rely	控件相对于窗口的 y 坐标，应为 0～1 的小数
width	控件的宽度
heitht	控件的高度
relwidth	控件相对于窗口的宽度，0～1
relheight	控件相对于窗口的高度，0～1

将上面的示例使用 place()布局方法修改之后的示例代码如下：

```
#Example10.14 place 布局
from tkinter import *
win = Tk()
lb1 = Label(win,text = "place()布局测试").place(x = 50,y = 10,width = 100)
b1 = Button(win, text = "按钮 1").place(x = 50,y = 30,width = 100,height = 20)
b2 = Button(win, text = "按钮 2").place(x = 50,y = 60,width = 100,height = 20)
mainloop()
```

Label 的布局方法为 place(x=50,y=10,width=100)，指定在屏幕上的 x、y 像素坐标，宽度为 100 像素，执行结果如图 10-15 所示。

4. Frame 和 LabelFrame 布局

除了上述三种布局方法外，tkinter 还提供了 Frame 和 LabelFrame 布局框架。Frame 其实就是屏幕上的一块矩形区域，可以作为容器，将控件布局在 Frame 中，从而实现控件在

图 10-15　place()布局方法

窗体中的布局。LabelFrame 与 Frame 基本一样，只是可以在区域的上边加一个标签文本。

使用 Frame() 布局需要首先创建 Frame() 控件，后面就可以把创建的标准控件布局到在 Frame 的区域内。示例程序如下所示，其中 fm1 和 fm2 分别是创建的 Frame() 和 LabelFrame() 控件的实例，fm1 作为本示例中两个按钮的容器，所以按钮的第一项参数为 fm1。fm2 为两个 Label 控件的容器，标签第一个参数为 fm2。两个按钮在 fm1 中左右排列，两个标签在 fm2 中也是左右排列。示例代码如下：

```python
#Example10.15 frame 和 LabelFrame 布局框架
from tkinter import *
root = Tk()
root.title('Frame 布局')                #主体窗口的名称
root.geometry('260x120')
#定义第 1 个 Frame 区域
fm1 = Frame(height = 80, width = 120, bg = 'lightblue',border = 2)
fm1.pack_propagate(FALSE)               #固定 Frame 大小
fm1.pack(side = "right")
Button(fm1, text = 'Button1').pack(side = 'left')
Button(fm1, text = 'Button2').pack(side = 'right')
#定义第 2 个 Frame 区域
fm2 = LabelFrame(height = 80, width = 120, text = 'labelframe',bg = 'lightgray')
fm2.pack_propagate(FALSE)               #固定 Frame 大小
fm2.pack(side = "left")
Label(fm2, text = 'Label3').pack(side = 'left')
Label(fm2, text = 'Label4').pack(side = 'right')
root.mainloop()
```

程序执行后，可以看到 fm1 和 fm2 在窗口中左右排列，其中的控件也是左右排列，执行结果如图 10-16 所示。

图 10-16　Frame() 布局

10.4　事件与变量传递

视频讲解

tkinter 应用程序基于事件循环实现。程序中的事件有许多来源，比如键盘输入、鼠标操作及 Window 的重绘事件。tkinter 通过为控件绑定函数和方法进行事件处理，如果控件中发生了与 event 描述匹配的事件,将调用指定的函数进行处理。

10.4.1 事件绑定

有三种方式可以实现 tkinter 事件绑定,分别是 command、bind 和 protocol。command 是部分控件中的参数,在控件中设置 command＝函数,单击控件时将会触发函数执行。能够定义 command 参数的常见控件有 Button、Menu、Checkbutton 、RadioButton 等。command 参数也可以使用 lambda 匿名函数定义,基于 command 参数的事件绑定见 10.1.2 节。

bind()方法可以绑定某些控件的事件并获取事件属性,基本所有控件都能通过 bind()方法获取事件属性,并通过控件.bind(event,handler)方式实现绑定。其中 event 是 tkinter 已经定义好的事件,handler 一般为处理函数,如果相关事件发生,handler 函数会被触发,事件对象 event 会传递给 handler 函数。

tkinter 通过 protocol()方法提供了一种协议处理的机制,在应用程序和窗口管理程序(windows manager)之间建立数据传递的机制。

本例的参考代码如下:

```
#Example10.16 事件绑定
from tkinter import *
win = Tk()
win.geometry("300x200")
def func(event):                    #单击后调用 callback 函数,传递给 event 参数
    print(event.x,event.y)
btn1 = Button(win,text = "按钮 1",width = 15,height = 4)
btn1.bind("<Button-1>",func)        #将单击与 func 函数关联
btn1.pack()
btn2 = Button(win,text = "按钮 2",width = 15,height = 4)
btn2.pack()
win.mainloop()
```

程序中定义了两个按钮,btn1 的单击动作与 func()函数进行了绑定,其中,<Button-1>表示鼠标左键,<Button-2>表示鼠标中键,<Button-3>表示鼠标右键,<Double-Button-1>表示鼠标左键双击。单击时会调用 func()函数,并将单击反馈的参数通过 event 传递给 func()函数,func()函数调用 event 的 x 和 y 参数显示单击的坐标,该坐标反馈的是 btn1 按钮坐标,btn1 按钮左上角坐标是(0,0),右下角是 btn1 按钮区域的最大值。

执行结果如图 10-17 所示。由于 func()函数使用了 print()函数,显示结果在 Python 集成开发环境的信息显示区。

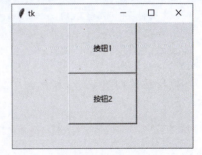

图 10-17 事件绑定

10.4.2 变量传递

tkinter 控件在创建时,一般可以绑定一个 tkinter 变量,将控件的某一属性与该变量进行绑定,二者其中一个变化时,另一个也随之变化。tkinter 提供了三种类型的变量:StringVar、IntVar 和 BooleanVar,分别用于传递字符串、整数类型和布尔类型的变量,对应 tkinter 中的 StringVar()、IntVar() 和 BooleanVar() 三个函数创建对应的变量,变量值的传递通过变量的 get() 方法和 set() 方法设置。

下面的示例中,Checkbutton 控件状态变化时,利用 IntVar 类型的变量传递 Checkbutton 的状态,根据 Checkbutton 的状态在 Label 控件中显示 Yes 或 No,Label 控件显示的内容通过 StringVar 类型的变量进行传递。

Checkbutton 按钮的 command 属性与定义的 cb_click() 函数绑定,Checkbutton 按钮状态变化时,触发 cb_click() 函数执行,完成变量参数的重新获取与传递。示例程序如下:

```python
# Example10.17 变量参数传递
from tkinter import *
win = Tk()
win.title("变量传值")              # 窗口标题
win.geometry("200x100")           # 设置窗口大小
# 变量定义
disp_text = StringVar()
disp_text.set('No')
status = IntVar()
def cb_click():                    # Checkbutton 状态改变
    if status.get() == 1:
        disp_text.set('Yes')
    else:
        disp_text.set('No')
cb = Checkbutton(win, variable = status, \
    command = cb_click).grid(row = 0, column = 0)
lb = Label(win, textvariable = disp_text).grid(row = 0, column = 1)
win.mainloop()                     # 主事件循环
```

执行结果如图 10-18 所示。

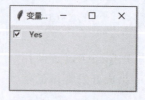

图 10-18 变量传递

设计实践

1. 计算器界面设计

计算器是一种常用的小工具,简单的计算器有十个数字键和小数点、四则运算符、退格、删除、清零等按钮,还有显示区以及等号按钮。按键较多,如何排列得既漂亮美观又方便实用,需要仔细设计。请利用本节介绍的布局方法,完成图 10-19 所示的计算器界面的布局。

视频讲解

2. 随机点名

课堂上老师想随机抽取一位同学回答问题,利用 Python 可以方便地编写这样的程序。界面有"开始"和"停止"按钮,学生名单存储在一个 txt 文本文件中。单击"开始"按钮,名字快速地随机跳动;单击"停止"按钮,出现一个随机选取的学生姓名。再次单击"开始"按钮可以进行新一轮的随机抽号过程。程序界面如图 10-20 所示。

图 10-19 计算器布局

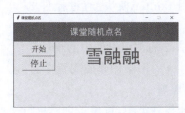

图 10-20 课堂随机点名程序

3. 学生管理系统

设计一个学生管理系统,实现对学生信息的增、删、改等简单操作。学生记录存储在列表中,界面如图 10-21 所示。其中,显示列表用到了 tkinter 的子模块 ttk 中的 Treeview 树形视图控件,可以查阅资料。

视频讲解

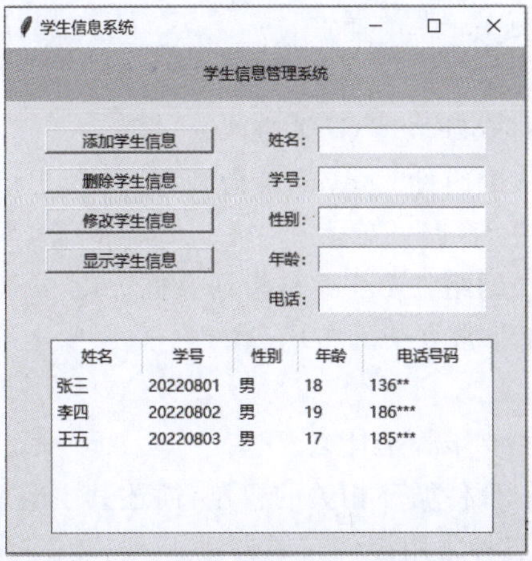

图 10-21 学生信息管理系统界面示例

本章小结

本章介绍了 GUI 程序设计的相关知识。tkinter 作为 Python GUI 开发工具之一,具有 GUI 软件包必备的常用功能。本章首先介绍了 tkinter 根窗口的创建,接着介绍了 tkinter 常用控件、布局方式、事件绑定等相关概念。读者通过学习本章内容,应该初步掌握 GUI 程序的开发,掌握基础控件的使用,为以后的程序开发奠定坚实的基础。

本章习题

一、填空题

1. _____ 是 Python 内置的标准 GUI 库,方便开发图形界面程序,Python 自带的 Idle 也是 _____ 开发的。
2. 使用 tkinter GUI 模块,需要先导入 tkinter 模块,导入的语句为 _____。
3. 使用 tkinter 模块,通过控件的 _____ 和 _____ 属性,可以设置控件的宽度和高度。
4. tkinter 的常用组件中的组件 _____ 是指列表框。
5. _____ 用于创建应用程序窗口。

二、选择题

1. 下列控件类中,可用于创建单行文本框的是( )。
   A. Button   B. Label   C. Entry   D. Text
2. 可利用( )语句创建事件循环。
   A. window.loop()   B. window.main()
   C. window.mainloop()   D. window.eventloop()
3. Checkbutton 按钮的哪个属性与自定义函数绑定,可以实现自定义的相关功能?( )
   A. command 属性   B. alert 属性   C. click 属性   D. button 属性

三、判断题

1. tkinter 是 Python 的标准库,是 GUI 的首选。( )
2. tkinter 的常用组件中的组件 Canvas 是指画布,是用于绘制直线、椭圆、多边形等各种图形的画布。( )
3. tkinter 的常用组件中的组件 Label 是指列表框。( )
4. pack()方法能够完成非常复杂的布局。( )

四、简答题

1. tkinter 程序运行的主要步骤是什么?
2. tkinter 提供了三种与事件循环相关的机制,简述其主要原理。
3. 简述 tkinter 提供的三种常用控件布局方法。

第11章 简单数据库应用

CHAPTER 11

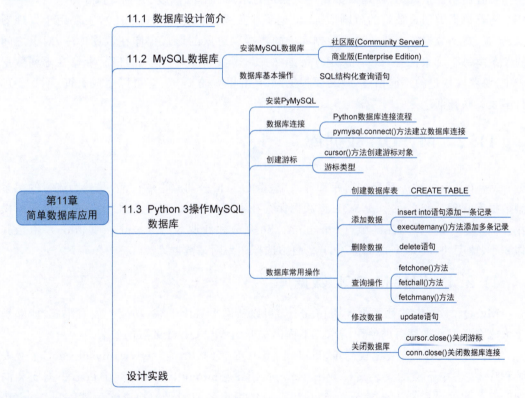

学习目标

（1）了解数据库的基本概念；
（2）掌握 MySQL 数据库的安装与使用；
（3）掌握 SQL 结构化查询语句及其用法；
（4）掌握 PyMySQL 模块的基本操作；

(5) 掌握数据库连接方法,理解游标的概念;
(6) 掌握数据库增、删、改、查等常用操作方法;
(7) 掌握 Python 数据库案例设计方法。

本章主要讲解利用 Python 操作 MySQL 数据库的基本流程。

11.1 数据库设计简介

当数据量比较大时,人们常用数据库(Database,DB)进行数据的存储操作。传统的数据库一般属于关系型数据库,基于 SQL 语言进行数据的检索和操作,通过外键关联建立表与表之间的关系。常用的 MySQL、SQL Server、SQLite、Access、dBASE 等都属于关系型数据库,这些数据库管理系统都具有开放式数据库连接(ODBC)的驱动程序,许多数据库的操作具有通用性,可以方便地对数据库数据进行增加、删除、修改、查询等操作。

随着数据类型及数量的急剧增加,出现了非关系型数据库(NoSQL),主要用于处理图像、音频、文档数据等。非关系型数据库中的数据以对象的形式存储在数据库中,对象之间的关系由每个对象自身的属性决定。例如非关系型数据库中,用户的信息存储在不同数据表中,要获取用户的不同信息,只需要根据 id 取出相应的 value 就可以完成查询,不需要进行多表关联查询。

11.2 MySQL 数据库

MySQL 是一种关系型数据库管理系统,是 Oracle 公司旗下的产品,是较为流行的关系型数据库管理系统之一。MySQL 将数据保存在不同的表中,使用 SQL 语言进行数据库操作。MySQL 软件分为社区版(Community Server)和商业版(Enterprise Edition),由于其体积小、速度快、成本低,被许多中小型网站选择作为网站数据库。

11.2.1 安装 MySQL 数据库

MySQL 数据库的社区版(Community)可以从网上自由下载,功能上没有限制,能够满足大家在学习数据库时的使用需求。下面简单介绍 MySQL 社区版的安装。

MySQL 数据库安装比较简单,可以到 MySQL 官网(http://www.mysql.com)下载安装程序,本书中下载的安装文件为 mysql-installer-community-8.0.28.0.msi,根据安装向导安装。此处设置的 root 密码为 111111。经过用户名和密码的检查之后就完成 MySQL 的安装工作。

安装后,会在系统中添加如图 11-1 所示的文件,其中 MySQL 8.0 Command Line Client 是 MySQL 安装后自带的客户端登录程序,输入密码就进入 MySQL 环境;MySQL Shell 是 MySQL Server 的高级客户端和代码编辑器,提供 SQL 功能,还具有 JavaScript 和 Python 的脚本功能;MySQL Workbench 8.0 CE 为用户提供可视化的数据库设计与管理功能,可以方便对数据库进行配置、E-R 模型建模及数据库表的编辑存储等工作。文件名可因数据库版本不同而有所差异。

图 11-1　MySQL 安装

安装完成后,运行 MySQL Command Line Client 并输入密码,进入 MySQL 环境,说明 MySQL 已经安装成功,如图 11-2 所示。

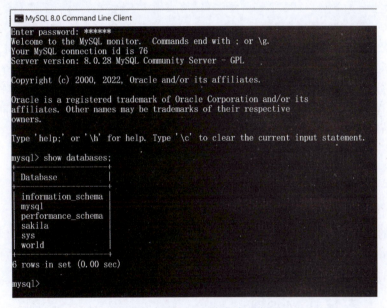

图 11-2　MySQL 安装成功示意图

11.2.2　数据库基本操作

数据库中的数据以表的形式进行组织,一个数据库可以包含多个表。表内存储数据记录,而记录又可以包含多个字段,每个字段描述一个事物的属性。比如在图 11-3 所示学生信息表中,id、name、age 和 gender 就是描述学生信息记录的字段,有整数类型、字符串类型、浮点数类型等数据类型。

图 11-3　MySQL 数据表

数据库操作就是通过命令的形式实现数据表及记录的增加、删除、修改、查询等操作。绝大多数数据库系统都支持 SQL 结构化查询语言,该语言是数据库的标准查询语言,可以实现对数据库进行定义数据、操纵数据、查询数据、数据控制等操作,其中最常用的命令如表 11-1 所示。

表 11-1 常用 SQL 命令

SQL 命令	功　能
CREATE TABLE	在数据库中创建表
INSERT INTO	在表中插入记录
SELECT	查询表中的记录
UPDATE	更新表中的记录
DELETE	删除表中的记录
ALTER TABLE	改变数据库表
DROP TABLE	删除表
CREATE DATABASE	创建新数据库
ALTER DATABASE	改变数据库
DROP TABLE	删除表
CREATE INDEX	创建索引
DROP INDEX	删除索引

SQL 语句不区分大小写。一般需要在每条 SQL 语句的末端使用分号,从而实现对 SQL 语句的分隔。有些数据库也可能不要求使用分号。许多教材及网上资源中都有关于 SQL 语句的详细介绍,没有 SQL 语句基础的读者可以自行查找学习,这里不再赘述。下面主要介绍 Python 操作数据库的方法。

11.3　Python 3 操作 MySQL 数据库

Python 语言中,标准数据库接口为 Python DB-API。在没有 Python DB-API 之前,各数据库之间的应用接口非常混乱,如果项目需要更换数据库,则需要做大量的修改,非常不方便。Python DB-API 的出现解决了这种问题,它为开发人员提供了数据库应用编程接口,支持非常多的数据库,使用它连接各数据库后,就可以用相同的方式操作各种数据库。

视频讲解

11.3.1　安装 PyMySQL

对于 MySQL 数据库来说,常用的 Python 数据库模块主要有 PyMySQL、SQLAchemy 和 DBUtils 等。PyMySQL 为 Python 操作 MySQL 的原生模块,可以直接执行 SQL 语句。SQLAchemy 是一种对象关系映射模型(Object Relational Mapper,ORM),提供了将 Python 中的类映射到数据库中表的方法。Python 中的类相当于数据库中的表,Python 中类的属性相当于表中的字段。Python 中类的实例相当于表中的行。简单来说,只需要按照 Python 的语法编写语句,PyMySQL 就会自动将其转换为相对应的 SQL 语句。DBUtils 模块提供了一个数据库连接池,方便 Python 在多线程场景中操作数据库。

PyMySQL 在使用前需要先安装,利用 pip 安装包在系统命令行窗口执行以下命令即可安装最新版的 PyMySQL:

```
pip install pymysql
```

安装完成后，只需要在程序中导入 PyMySQL 模块，就可以轻松地对 MySQL 数据库进行操作。示例代码如下。

```
import pymysql
```

在用 Python 命令导入 PyMySQL 模块时，如果出现未找到模块的提示，说明未安装成功，需要重新安装。

11.3.2 数据库连接

视频讲解

借助于 PyMySQL 模块，Python 可以连接数据库，并对数据库进行操作，主要流程如图 11-4 所示。首先需要建立数据库的连接，创建数据库连接 Connection 和游标对象 Cursor。游标是一种能从包含多条数据记录的结果集中提取一条记录的机制，它指示结果集的当前记录，可以充当获取当前记录的指针。对数据库执行 SQL 语句，可以执行数据库常用的操作，进行数据记录的增加、删除、修改、查询等操作及异常检查与处理，处理完毕后需要关闭游标对象 Cursor 并关闭数据库连接。

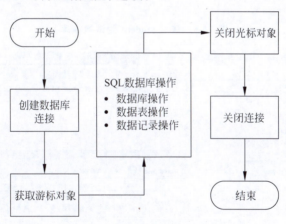

图 11-4　Python 数据库连接流程

为了验证数据库连接，首先使用 MySQL WorkBench(MySQL 设计的 E-R/数据库建模工具)建立一个 student 测试数据库，如图 11-5 所示。

继续使用 MySQL WorkBench 创建 student_info 数据库表，如图 11-6 所示。

测试数据库及数据库表建好后，就可以使用 pymysql.connect()方法建立数据库连接，示例代码如下：

```
#Example11.1 建立数据库连接
import pymysql
#创建数据库连接
```

```
conn = pymysql.connect(
    host = "localhost",              # 数据库主机 ip 地址
    user = "root",                   # 登录用户名
    password = "111111",             # 登录密码
    database = "student"             # 连接的数据库名
)
```

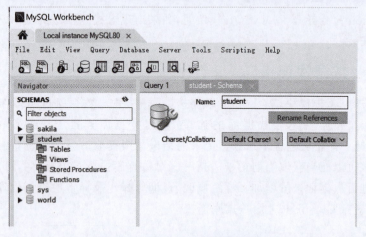

图 11-5 建立 student 测试数据库

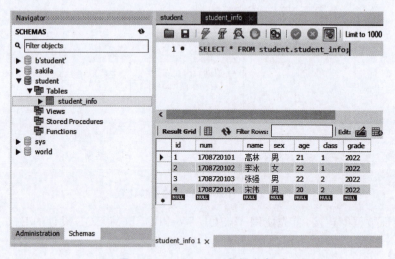

图 11-6 student_info 数据库表

代码顺利通过运行测试。注意,需要确保 PyMySQL 模块已经成功安装,所连接的数据在当前工程目录下,且数据库的登录信息正确。

注意事项:数据库连接

(1) 连接数据库的用户名和密码需要与配置 MySQL 环境时设置的用户名和密码保持

一致。

(2) 如果连接远程主机,需要填写具体的 IP 地址。

11.3.3 创建游标

视频讲解

在关系数据库操作中,经常需要通过 SQL 语句查询数据记录。查询结果通常称为结果集。游标可以理解为在结果集上的数据指针,利用游标可以逐条记录数据并处理;如果不使用游标,多条结果数据会同时显示在界面上。开启游标功能之后,执行 select 之类的语句时,系统会先存储 SQL 语句返回的结果,然后提供一个游标接口访问这些数据,此时就可以借助游标逐条处理数据,每取出一条记录,游标指针就向前移动一次,直到处理完所有数据。

使用 PyMySQL.connect()方法建立数据库连接之后,需要使用 cursor()方法创建一个可执行 SQL 语句的游标对象,代码如下:

cursor = conn.cursor()

该语句创建一个可以执行 SQL 语句的游标对象(Cursor),常用 Cursor 类型如表 11-2 所示。使用创建的游标对象调用 execute()方法即可执行 SQL 语句。

表 11-2 常用 Cursor 类型

类 型	说 明
Cursor	默认,元组类型
DictCursor	字典类型
SSCursor	无缓冲元组类型
SSDictCursor	无缓冲字典类型

11.3.4 数据库常用操作

视频讲解

1. 创建数据库表

游标对象创建完成后,可以借助 SQL 语句完成数据库表的创建,示例代码如下:

```
# Example11.2 创建数据库表
# 如果 student_info 数据库表已经存在使用 execute()方法删除表
cursor.execute("DROP TABLE IF EXISTS student_info")
# 创建 student_info 数据库表
sql = """CREATE TABLE 'student_info'(
    'id' int NOT NULL AUTO_INCREMENT,
    '学号' int NOT NULL,
    '姓名' varchar(20) NOT NULL,
    '性别' varchar(20) NOT NULL,
    '年龄' int NOT NULL,
    '班级' varchar(20) NOT NULL,
    '专业' varchar(20) NOT NULL,
```

```
        '备注' varchar(20) NOT NULL,
    PRIMARY KEY ('id')
) ENGINE = InnoDB AUTO_INCREMENT = 15 DEFAULT CHARSET = utf8mb3"""
# 调用 Cursor 的 execute()方法执行上述 SQL 语句,创建 student_info 数据库表
cursor.execute(sql)
```

上面的代码利用 SQL 语句 CREATE TABLE 创建名为 student_info 的数据库表,包含 id、学号、姓名、性别、年龄、班级、专业、备注等字段,其中 id 为自动编号(AUTO_INCREMENT),并设为主键。程序最后调用游标对象 Cursor 的 execute()方法执行该 SQL 语句,完成 student_info 数据库表的创建。

在执行 SQL 语句之前,先调用 SQL 语句 DROP TABLE 删除现有重名的数据库表,以免后续创建数据库表时报错。也可以利用代码判断是否有同名的数据库表,只有在无同名数据库表的情况下才能创建。

运行程序,创建一个名为 student_info 的空数据库表,如图 11-7 所示。

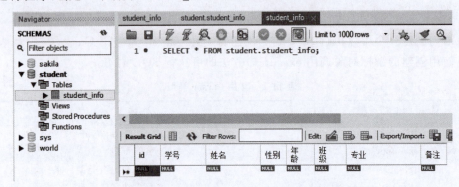

图 11-7　新建的 student_info 数据库表

> **注意事项:SQL 语句**
> SQL 字符串由三个双引号引起来,因为 SQL 字符串内部需要使用单引号表示字段名,不能再使用双引号。
> SQL 语句一般都比较长,采用这种方法可以将 SQL 字符串排列成多行,方便阅读,且较美观。

2. 添加数据

创建好空数据库表之后,就可以利 SQL 语句 insert into 添加数据。可以添加单条数据,也可以一次添加多条数据。

1) 添加一条数据

利用游标的对象 Cursor 的 execute()方法执行 SQL 语句 insert into 添加数据。execute()方法使用格式如下:

```
execute(sql)    #sql 参数为一条字符串格式的 SQL 语句
```

向前面创建的空数据库表中添加单条数据的示例程序如下:

```
#Example11.3 添加数据
insert = cursor.execute("insert into student_info values (1,'2208201', \
    '李明','男',18,'计算 201','计算机科学与技术','YYDS')")
conn.commit()                    #提交数据库执行
print("insert = ",insert)
```

其中,在 insert into 语句中直接列出了添加数据的字段信息,并对应添加到 student_info 数据库表对应顺序的字段中。execute()方法返回插入记录的条数,commit()方法用于提交数据、执行插入,并进行数据库的同步操作,只有当 commit()执行成功数据才真正写入数据库。该程序执行后显示 insert=1,执行后的数据库表如图 11-8 所示。

图 11-8 插入一条记录

在执行 SQL 语句时会遇到一些异常问题。异常发生时可不执行 commit()事务提交,而是执行 rollback()回滚操作,不提交数据库操作事务。示例代码如下:

```
#Example11.4 异常时 rollback()操作
#插入单条记录,使用 SQL 字符串
sql = """insert into student_info(id,学号,姓名,性别,年龄,班级,专业,备注)
         values (3,'2208203','王安','男',19,'计算 201','计算机科学与技术','班长')"""
try:
    insert = cursor.execute(sql)
    conn.commit()                #提交数据库执行
    print("insert = ",insert)
except:
    conn.rollback()              #出现异常,撤回操作
```

执行结果如图 11-9 所示。

图 11-9 事务提交操作

2) 添加多条数据

有时需要插入的数据比较多,可以采用多条数据一块插入的方法,调用游标对象

Cursor 的 executemany()方法执行 SQL 语句,示例代码如下:

```python
##Example11.5 使用 executemany()插入多条记录,使用推导式
id = [4, 5, 6]
num = [2208204, 2208205, 2208206]
name = ['宋涛','陈启','刘颖']
gender = ['男','男','女']
age = [18, 17, 19]
classes = ['大数据 202','大数据 201','软件 202']
major = ['大数据','大数据','软件工程']
memo = ['团支书','Bdjw','']
sql = 'insert into student_info values(%s,%s,%s,%s,%s,%s,%s)'
insert_items = [(id[i], num[i], name[i], gender[i], age[i], classes[i],major[i],memo[i])
    for i in range(0, len(id))]
with conn.cursor() as cursor:
    try:
        insert = cursor.executemany(sql,insert_items)
        conn.commit()                    # 提交数据库执行
        print("insert_many = ", insert)
    except Exception as e:
        conn.rollback()                  # 出现异常,撤回操作
        print(e.args)                    # 显示异常信息
```

格式如下:

```
executemany(sql,args)
```

其中,sql 代表的是 SQL 语句字符串;args 是包含多行数据的列表,每行数据使用列表或元素封装。插入多条数据时,executemany()方法效率远高于 execute()方法。程序执行结果如图 11-10 所示。

id	学号	姓名	性别	年龄	班级	专业	备注
1	2208201	李明	男	18	计算201	计算机科学与技术	YYDS
2	2208202	张欣	女	18	计算201	计算机科学与技术	
3	2208203	王安	男	19	计算201	计算机科学与技术	班长
4	2208204	宋涛	男	18	大数据202	大数据	团支书
5	2208205	陈启	男	17	大数据201	大数据	Bdjw
6	2208206	刘颖	女	19	软件202	软件工程	
NULL	NULL	NULL	NULL	NULL	NULL	NULL	NULL

图 11-10 插入多条数据的结果

3. 删除数据

删除操作用于删除数据表中的数据,使用 SQL 语句 delete。比如,删除图 11-10 所示的数据表中的大数据专业的学生,示例代码如下:

```python
#Example11.6 删除数据
sql = "delete from student_info where 专业 = '大数据'"
with conn.cursor() as cursor:
    try:
```

```
        cursor.execute(sql)                    # 执行 SQL 语句删除
        conn.commit()                          # 提交数据库执行
    except Exception as e:
        conn.rollback()                        # 出现异常,撤回操作
        print(e.args)                          # 显示异常信息
```

删除及查询都可以使用条件操作,本例中将满足"专业 = '大数据'"的所有数据删除,执行结果如图 11-11 所示。

id	学号	姓名	性别	年龄	班级	专业	备注
1	2208201	李明	男	18	计算201	计算机科学与技术	YYDS
2	2208202	张欣	女	18	计算201	计算机科学与技术	
3	2208203	王安	男	19	计算201	计算机科学与技术	班长
6	2208206	刘颖	女	19	软件202	软件工程	
NULL	NULL	NULL	NULL	NULL	NULL	NULL	NULL

图 11-11 删除数据执行结果

4. 查询操作

查询操作使用 SQL 语句 select,再从 execute()查询结果中获取数据,以元组的形式返回游标指向的一条或多条数据,如果游标所在处没有数据,将返回空元组。

游标对象提供了三种提取查询结果的方法,即 fetchone()、fetchall()和 fetchmany(),分别获取一行数据、全部数据和部分数据。三种方法都会导致游标移动,操作时需要注意游标的位置。

1) fetchone()方法

fetchone()方法获取一个查询结果集的下一行数据,是一个元组数据,如果没有数据则返回 None。该方法在 execute()函数之后使用,每执行一次,游标会向下移动一个位置。

接着前面的示例程序,fetchone()方法利用 execute()函数对当前 student_info 数据库表进行查询,示例代码如下:

```
## Example11.7 查询操作——fetchone
sql = "select * from student_info"            # 选择数据库表中的所有记录
try:
    cursor.execute(sql)
    selected_data = cursor.fetchone()         # fetchone—获取一行记录
    print("fetchone 查询结果:\n",selected_data)
except Exception as e:
    print("查询异常:",e.args)                  # 显示异常信息
```

fetchone()方法在 SQL 语句查询结果集上获取一行记录,并将结果反馈给 selected_data 变量,该变量是一个元组,元素即为字段记录,程序执行结果如下:

```
fetchone 查询结果:
(1, 2208201, '李明', '男', 18, '计算 201', '计算机科学与技术', 'YYDS')
```

查询结果返回了结果集中的第一条记录。

2）fetchall()方法

fetchall()方法获取当前从游标开始的所有数据，并以元组的形式返回，元组的每一个元素都是由一行数据组成的元组；如果游标所在处没有数据，将返回空元组。该方法执行后游标移动到数据库表的末尾。示例代码如下：

```
#Example11.8 fetchall()方法
sql = "select * from student_info where 班级 = '计算 201'"
try:
    cursor.execute(sql)
    selected_data = cursor.fetchall()              #获取查询结果中的所有记录
    print("fetchall 查询结果:")
    for x in selected_data:
        print(x)
except Exception as e:
    print("查询异常:",e.args)                      # 显示异常信息
```

与 fetchone()方法操作相同，fetchall()方法在 SQL 语句查询结果集上获取全部记录，并将结果反馈给 selected_data 变量，该变量是一个元组，元素是一条记录，也是元组。SQL 语句中添加了 where 语句，用于查询满足条件的记录。本例查询数据表中班级字段的值为"计算 201"的所有记录，程序执行结果如下：

```
fetchall 查询结果:
(1, 2208201, '李明', '男', 18, '计算 201', '计算机科学与技术', 'YYDS')
(2, 2208202, '张欣', '女', 18, '计算 201', '计算机科学与技术', '')
(3, 2208203, '王安', '男', 19, '计算 201', '计算机科学与技术', '班长')
```

满足查询条件的有三条记录，全部都显示出来了。

3）fetchmany()方法

fetchmany(size)从 execute()函数结果中获取游标所在处的 size 条数据，并以元组的形式返回，元组的每一个元素都是一个由一行数据组成的元组。如果 size 大于有效的结果行数，将会返回所有数据，但如果游标所在处没有数据，将返回空元组。查询几条数据，游标将会向下移动几个位置。fetchmany()函数必须与 execute()函数结合使用，并且在 execute()函数之后使用，示例程序如下：

```
#Example11.9 fetchmany()方法
sql = "select * from student_info"                 # 选择数据表中的所有记录
try:
    cursor.execute(sql)
    selected_data = cursor.fetchmany(2)            #获取查询结果中的 2 条记录
    print("fetchmany 查询结果:")
    for x in selected_data:
        print(x)
except Exception as e:
    print("查询异常:",e.args)                      # 显示异常信息
```

与 fetchall() 方法操作类似，本示例程序获取了查询结果集中的 2 条记录，执行结果如下：

```
fetchmany 查询结果：
(1, 2208201, '李明', '男', 18, '计算 201', '计算机科学与技术', 'YYDS')
(2, 2208202, '张欣', '女', 18, '计算 201', '计算机科学与技术', '')
```

5. 修改数据

修改数据操作对数据库表中已有的数据进行修改，使用 SQL 语句 update。比如，将当前数据库表中李明的年龄修改为 19，示例代码如下：

```
# Example11.10 update 修改数据表
sql = "update student_info set 年龄 = 19 where 姓名 = '李明'"
try:
    cursor.execute(sql)              # 把李明的年龄修改为 19
    conn.commit()
except Exception as e:
    conn.rollback()
    print("修改数据异常:",e.args)     # 显示异常信息
```

程序执行后，数据表记录中李明的年龄已经修改为 19，结果如图 11-12 所示。

图 11-12　修改数据记录

6. 关闭数据库

在程序的最后，一定要注意关闭游标对象和数据库连接，释放占用的资源，示例如下：

```
cursor.close()          # 关闭游标
conn.close()            # 关闭数据库连接
```

> 💡 **注意事项**：数据库异常捕获
> 在数据库操作中，尽量使用 try-except 结构捕获操作中的异常，可以及时发现存在的问题。

设计实践

1. 信息记录小助手

王老师是一名大学辅导员，平时特别关心学生，总是在笔记本上记录一些学生信息，尤

视频讲解

其是一些特殊学生的信息,包括学习困难、生活困难、心理问题等。数据记录多了查找起来觉得有些困难。请借助本章所学数据库知识,设计一款用于记录特殊学生信息的程序,帮助王老师实现信息的录入、修改、查询等功能。

视频讲解

2. 学生管理系统设计进阶

对第 10 章设计实践 3 中设计的学生管理系统进行改进,利用 MySQL 数据库存储学生信息,增加学生信息查询功能,实现对于学生信息的增加、删除、修改、查询等操作,用 tkinter 设计操作界面。

本章小结

本章主要介绍了 MySQL 数据库与 PyMySQL 模块的相关知识,包括 MySQL 数据库的基本操作、SQL 语句的编写、PyMySQL 模块的安装,对数据库表进行增加、删除、修改、查询等相关操作。通过学习本章的内容,读者应对 MySQL 和 PyMySQL 有基本的认识,能够熟练操作数据表,并掌握相关方法的使用。

本章习题

一、填空题

1. MySQL 是一种_____型数据库管理系统,属于 Oracle 公司旗下产品。
2. 数据库中的数据以_____的形式进行组织。
3. 数据库操作就是要通过命令的形式实现数据表及记录的增加、删除、修改、查询等工作,几乎所有数据库系统都支持_____语句。
4. 测试数据库及数据表建好后,就可以使用_____方法建立数据库连接。
5. 在关系数据库操作中,经常需要通过 SQL 语句查询数据记录,并进行一系列操作,查询结果通常称作_____。
6. 如果 SQL 语句执行失败,可以采用异常处理的方法,需要执行_____方法进行回滚操作,不提交数据库操作事务。

二、选择题

1. 使用 PyMySQL 查询数据,可以获得返回结果中的所有数据的方法是(   )。
   A. fetchone()   B. all()   C. fetchall()   D. fetchmany()
2. SQL 语句执行完毕后,执行(   )语句才能在数据库中修改。
   A. commit()   B. begin()   C. rollback()   D. submit()
3. 删除数据表中的内容,需要使用(   )SQL 语句。
   A. select   B. delete   C. update   D. del

三、简答题

1. 简述关系型数据库和非关系数据库的概念。
2. 简述什么是 SQL 结构化查询语言。
3. 什么是游标?简述游标的作用。
4. 游标对象提供了三种提取查询结果的方法,即 fetchone()、fetchall() 和 fetchmany(),简述这三种方法的区别。

四、编程题

1. 利用 MySQL 数据库设计一个成绩统计分析系统,对一个班级的成绩进行统计,统计出最高分、最低分、平均分,以及优秀($90 \leqslant s \leqslant 100$)、良好($80 \leqslant s < 90$)、中等($70 \leqslant s < 80$)、及格($60 \leqslant s < 70$)和不及格($s < 60$)的人数及比例。

2. 利用 MySQL 数据库设计一个图书查询系统,数据库中记录每个借阅者的借阅记录,包括读者编号、姓名、性别、年龄、单位和地址,每本书都有图书编号、书名、作者、出版社和定价,每本被借出的书都有读者编号、借出日期和应还日期,E-R 图如图 11-13 所示。

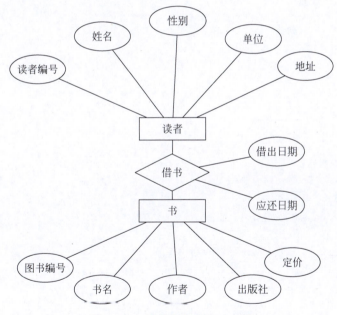

图 11-13 图书查询系统 E-R 图

3. 利用 MySQL 数据库设计一个商品销售系统。假设有商店和顾客两个实体,商店属性有商品编号、商店名、地址和电话,顾客属性有顾客编号、姓名、地址、年龄和性别,其中一个商店可以有多个顾客购物,一个顾客可以到多个商店购物,顾客每次去商店购物都有消费金额和日期,每个顾客在每个商店里最多消费一次,E-R 图如图 11-14 所示。

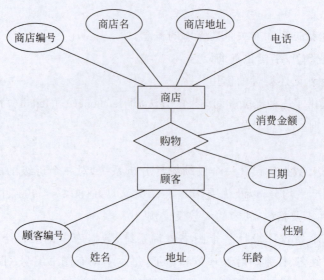

图 11-14　商品销售系统 E-R 图

参考文献

[1] 关东升. Python 从小白到大牛[M]. 北京：清华大学出版社，2021.
[2] Mastrodomenico R. The Python Book[M]. Hoboken：Wiley. 2022.
[3] 黑马程序员. Python 快速编程入门[M]. 2 版. 北京：人民邮电出版社，2021.
[4] 马利,闫雷鸣,王海彬. Python 程序设计与实践[M]. 北京：清华大学出版社，2021.
[5] 薛景,陈景强,朱旻如,等. Python 程序设计基础教程(慕课版)[M]. 北京：人民邮电出版社，2018.
[6] 郭炜. Python 程序设计基础及实践(慕课版)[M]. 北京：人民邮电出版社，2021.
[7] 小甲鱼. 零基础入门学习 Python.[M]. 2 版. 北京：清华大学出版社，2019.
[8] 明日科技. Python 从入门到精通.[M]. 2 版. 北京：清华大学出版社，2021.
[9] 唐永华,刘德山,李玲. Python 3 程序设计[M]. 北京：人民邮电出版社，2019.